致勝一擊

利用EARTH法則突破既有管理框架
讓你職場績效加倍！

林俊男——著

E	A	R	T	H
Environment	Achievement	Relation	Team	Healthy

目錄

第五章 Team：強化團隊與牛棚

第一章

等一支全壘打

致勝一擊的目的在於為自己與團隊取得最終勝利，

而非只為自己的牆上加上一枚動章。

二〇一五年十一月十四日，公共電視正播放著第一屆世界十二強棒球賽，當晚正是中華隊與古巴隊的經典對戰組合，賽事到了第七局結束，比分呈現一：一的僵局。八局下半輪到中華隊進攻，此時一人出局，一、二壘有人，大師兄林智勝上場打擊。兩分鐘後，在棒球主播瘋狂的嘶吼聲中，我看見一顆球往左外野的上空直飛而去，那飛行的弧度美麗得令人印象深刻，林智勝擊出了一發致勝三分打點的全壘打。終場中華隊以四比一獲勝，這也是中華隊睽違二十九年再度在國際賽擊敗古巴隊。

這是一場頂尖對決的精彩球賽，中華隊還取得了難得的勝利，真的是既開心又興奮，我從冰箱裡拿出一罐冰鎮清涼的啤酒，然後坐到書桌前繼續尚未完成的工作，看著工作日報表上面一連串的數字，原本輕鬆興奮的心情變得有些沉重了起來，我腦中開始浮現……

主管前兩天跟我說：對於計畫的擬定不用太完美主義，八十分就可以趕緊著手進行了，真等到你把計畫做到一百分的階段，好的時機點都過了！計畫的基本框架完整就好，因為實際執行時還是難免會有突發狀況，到時候再快速調整計畫就好。我心想，我想把事情做到完美難道有錯嗎？

新加入團隊的 Zoey 還習慣目前的工作步調嗎？每次問她需要什麼協助，她都一派輕鬆地跟我說沒問題，是真的沒問題、還是根本不知道哪裡有問題？該不會過沒多久就陣亡了吧？

Joy 跟 John 這對雙 J 組合，平常感情好得要命，現在為了技術開發專案的資源分配，已經激烈爭執快半個月了，連中午用餐都不願意一起吃飯了，我是否應該出手協調一下呢？

部門老將 Kevin 最近跟我提了離職，說是想要換個環境跳脫舒適圈、重新挑戰自己一下，但我其實知道他對於今年晉升名單中沒有他這件事情一直耿耿於懷，我是有將他列入提報名單的，但上面老闆不知道什麼原因就是不愛他啊！坦白說，我還真的挺想留下這個表現一直很平穩的老將。

我像是站在打擊區的打者一樣，仔細盯住每一顆球的速度與進壘角度，然後用盡吃奶的力氣往球的角度揮去，只要運氣不是太差，我通常可以打出一壘安打、二壘安打。但遺憾的是，我似乎很難擊中那顆球的甜蜜點，揮出讓它可以飛翔在天際的全壘打。

其實我是一個挺認真負責的員工，也是一個帶領團隊還算過得去的管理者，如果要以工作績效成果的產出來看，在公司所有的員工當中，我的整體表現其實還是挺不錯的，若真要安慰自己一下，起碼比上不足、比下有餘啊！但我心裡總覺得還缺少了那麼一點什麼。我知道自己的能力還可以有所提升，公司每年安排的訓練課程我也都全程參與學習，這些課程教材我可沒拿去回收或是拿來墊便當，三不五時還是會拿出來翻閱複習一下的，也的確可以從中得到一些新的學習跟理解。但學得越多似乎越迷惘了起來，我心裡其實很清楚，這些年來我努力學習並想辦法消化理解的這些知識與技巧，似乎並沒有完美地展現在我的工作績效上。

棒球名將王貞治曾說：「我們的目的不是練習這件事，而是為了呈現出成果，要如何將練習中所獲得的部分與成果相互結合，希望你們打球的同時也能一邊思考這樣的問題。」（二〇〇五年十一月十七日）

在我的工作崗位上，我希望擊出令人讚嘆的全壘打，讓大家為我亮眼的績效高聲歡呼；我更希望帶領整個團隊經常獲取勝利的甜美果實，那會讓我們的士氣更高昂。畢竟，個人成績再怎麼突出優異驚人，若團隊無法一起取得最終的勝果，這還是令人覺得難過且遺憾的。我想，我應該開始好好思考在管理的球場上，如何才能轟出那致勝一擊的全壘打。

跟著賢拜的腳步走

在我管理經驗非常淺薄的階段，我很想知道身為一位管理者的重要工作到底是什麼？所謂的工作管理與人員管理是否有些訣竅或技巧可以運用？為此，我替自己展開了一系列的學習行動計畫：私下偷偷觀察公司裡資深主管帶領團隊的方式，甚至關注他的說話方式跟口氣有什麼不同；積極參加公司所辦理的每一堂管理訓練課程，只要訓練單位一有開班訊息，我就會馬上登入系統提出報名的申請，希望能搶到那名額限制的位置；開始訂閱每個月出版的《經理人雜誌》，在裡面看到的每一個管理架構、表單與步驟，我都會試著拿來套用在自己的工作上，驗證一下對自己的幫助有多大，當中若有好用的工具我也會主動分享給工作夥伴；倘若還有空檔時間，我會抓空趕緊閱讀那些長據銷售排行榜前百名的經典管理書籍，這些成堆的管理書籍在某一天還把我的書桌給壓垮了。以上這一切的計畫與行動，單純希望這些既廣泛、又極具深度的管理知識或技巧，能在我極度壓縮的學習時間裡，迅速轉化成為自己的強大功力。這是一個極度囫圇吞棗的過程，如同當你極度飢餓的時候，你唯一的念頭就是儘量吃、吃光了眼前的食物還覺得不夠、吃到撐了都還希望再多咬一口。此時食物的色香味根本不是我的重點，「足夠的量」才會讓我覺得有飽足感，更確切的說法是，大量以及超量才能讓我覺得內心充滿了安全感。

這個超級爆學的過程也許不夠精緻，但的確讓我接觸到多種管理領域的知識，並讓我與管理這件事情更加的靠近。特別是這當中有兩位管理巨擘，他們對於管理的思維與見解，鞭辟入裡的角度與闡釋，讓我經常有「若早一點知道這些該有多好」的懊悔感覺，而我也就這樣跟隨著他們腳步進入了管理的新世界。這兩位我心目中的管理大師就是彼得．杜拉克（Peter F. Drucker）與史蒂芬．柯維（Stephen Richards Covey）。而他們各別影響我最深刻的一本書，就是《管理實踐》（*The Practice of Management*）與《與成功有約：高效能人士的七個習慣》（*The 7 habits Of Highly Effective People*）。

彼得・杜拉克的管理架構

彼得・杜拉克在一九五四年出版的《管理實踐》中提到，經理人的工作中包含了五個基本任務[1]，分別是：

第一個任務是「設定目標」。決定目標應該是什麼，也決定應該採取哪些行動，以達到目標。將目標有效傳達給員工，並透過這些員工來達成目標。

第二個任務是「從事組織的工作」。分析達成目標所需的活動、決策和關係，將工作分門別類，並且分割為可以管理的職務，將這些單位和職務組織成適當的結構，選擇對的人來管理這些單位，也管理需要完成的工作。

第三個任務是「激勵員工及和員工溝通」。透過管理，透過與屬下的關係，透過獎勵措施和升遷制度，以及不斷的雙向溝通，把負責不同職務的人變成一個團隊。

第四個任務是「建立衡量標準」。必須確立組織中每個人都有適用的衡量標準，衡量標準把重心放在整個組織的績效，同時也放在個人工作績效上，並協助個人達到績效。分析員工表現，也評估及詮釋他們的表現；同時，和屬下、也和上司溝通這些衡量標準的意義及衡量結果。

最後第五個任務是「培養人才」。透過管理方式，讓員工更容易或更難以自我發展。經理人可能引導屬下朝正確的方向發展，也可能誤導了他們；可能激發他們的潛能或壓抑他們的發展；可能強化了他們的操守，或令他們腐化。

這五個基本任務的方向設定，讓我在忙碌與雜亂的管理工作中，至少有了可以指引前進的方向，也奠定了我對管理者工作的基本認知與脈絡。儘管現今的世界趨勢、社經發展與企業營運有了截然不同的面貌，但現在重新閱讀這七十年前對於管理者工作的描述，仍是有種鞭辟入裡的深刻體會。若說彼得·杜拉克的《管理實踐》幫我建立了管理工作的架構，那史蒂芬．柯維的《與成功有約》，便是替管理工作的架構補上厚實的牆。

史蒂芬．柯維的進化思維

史蒂芬．柯維告訴我們，若想探索成功、追求圓滿的人生，必須認清主宰自己的原則或是自然法則。每個人運用原則的方式，會依個人的力量、天賦與創造力而大不相同，但一切努力都必須符合成功所繫的原則，才能獲得最後成功。在《與成功有約》一書中，告訴了我們可以實踐成功的七個習慣。[2]

- 個人的成功（從依賴到獨立）
  - 習慣一「主動積極」：掌握選擇的自由。
  - 習慣二「以終為始」：鎖定生命的座標。

- 習慣三「要事第一」：忙要忙得有意義。

● 公眾的成功（從獨力到互賴）

- 習慣四「雙贏思維」：大家都可以是贏家。
- 習慣五「知彼解己」：做個雙向傳播的聆聽者。
- 習慣六「統合綜效」：威力無比的合作原則。

● 全面觀照生命

- 習慣七「不斷更新」：最佳的自我投資策略。

在擔任管理者的這條路上，我們一定會遇上所謂的撞牆瓶頸期，陷入迷惘甚至鬼打牆的情境，反覆思考著自己的管理作為到底好不好？對不對？適當不適當？也開始思考、甚至質疑自己算是一位稱職的工作者或管理者嗎？個人任務與團隊管理工作的巨量與複雜，經常將我們緊緊束縛的透不過氣，這過程不斷大量消耗我們的心力與精神，甚至產生能量耗竭的狀況。面對這樣的情況，史蒂芬·柯維的七個習慣，無疑是一帖跳脫這萬般苦難的解方，它讓我重新看待個人與團隊、任務與關係，以及所謂的成功與圓滿。

吃不完的操練課表

在當上主管的那一刻起，我相信你跟我一樣，很希望能夠快速學習相關的知識與技巧，以彌補現有管理能力之不足，畢竟工作任務與員工就在眼前，總得有一些方法來妥善規劃與安排。我們很希望儘快釐清「管理」到底是什麼東西？好讓自己有一個不算太離譜的起手勢，至少不要聽到「你真的還是太嫩！」、「帶領團隊這件事，你還真的不行！」這些話。儘管在這之前，你完全沒有擔任過管理者角色的經驗，但你一定聽過一個普遍又通俗的解釋與定義，它告訴我們所謂的管理工作就是兩個大區塊：分別是「管事」與「理人」，這個定義也許不是那麼清楚及精準，但至少讓我們大概知道管理工作到底是怎麼一回事。但當我們以此為管理的基本定義，想要進一步地推展出相關作法時，便會發現管事理人這四個字的背面，有著更多的模糊地帶需要被定義、解釋與釐清。

管理的挑戰

「管事」，是要管哪些事情？哪些事情一定是我的事？哪些事情根本與我無關？我的權責範圍究竟是多大？這些事情應該要管到什麼樣的程度才叫合格？哪些事情非常重要、需要特別用心且窮盡力氣的去優先處理？哪些事情是我們自己覺得很重要、但對於老闆或團隊來說，卻根本可以先放在一邊擱置或乾脆不用處理？

而「理人」，似乎又比「管事」更加的困難。自己處理好自己的事情沒問題，但要處理一群人的問題，根本不知道該從何下手。團隊中的成員形形色色，每個人的個性、脾氣、心胸開放度、做事情的方式都不一樣，到底要怎麼運作，才能揉捏出一個最適當的樣貌？員工如果表現的好，我們可以給予鼓勵、肯定、與讚美，但要怎麼鼓勵才算是力道剛剛好，讓人感覺真誠並不虛偽？要用什麼方式讚美員工，才不會讓團隊其他成員覺得自己有大小眼的偏心態度？萬一員工表現的很差勁，甚至已經拖累到團隊的整體績效，要怎麼適當表達出：你現在的狀況真的很不ＯＫ呢？是要嚴厲責罵以表示我們認真看待此事的態度？萬一遇到強烈的反抗與辯駁，我們要怎麼處理與妥善收尾？如果改採用溫情關心的協助態度，一旦出現軟土深掘的狀況怎麼辦？自己的溫情善意與耐心，到底可以持續多久呢？而令我們更加擔憂的是，在龐大的組織中，我們需要理的人不單純只有自己的員工，還有其他戰績與功力比我們更為雄厚且高深的對象：其他部門的主管，以及當初提拔我們上位的老闆。

管理者能力發展矩陣：學習清單的迷思

以上這些事情在腦海中轉過一圈後，我們開始意識到，在管理工作上要面臨的挑戰實在太多，根本無從下手；但我們也會稍微安慰自己，告訴自己不要緊張不要怕，只要我們願意加緊學習有關管理的任何東西，不管是參加管理技巧相關課程，或是用心閱讀管理相關的書籍，總會有一天管理能力可以達到「至少還可以」的狀態。我們可能進行以能力缺口為出發點的學習，反正缺了什麼就補什麼，就像醫師跟你說你缺維他命，你就開始每天吃綜合維他命；健身教練告訴你缺乏肌耐力，我們就開始每天做棒式平板撐。這其實是我們非常熟悉與直覺的思維習慣，用個漂亮的字眼來說，就是對症下藥，這種作法其實完全沒毛病。

於是我們會開始回顧自己之前哪些工作做的還不到位、哪些知識或技巧運用得還不夠熟練，或是透過公司安排的管理才能評鑑系統，來發現自己能力不足的缺口，後續便開始列出應該要強化的補藥清單。我盤點了一下我這二十多年來累積的補藥清單，不看還好，一看還真的嚇了一跳，我這補藥清單到底是要治療多嚴重的症狀啊！我將這個補藥清單梳理成一個「管理者能力發展矩陣」，如果你也想把這個矩陣當作你的學習參考清單，那你至少有二十種以上的藥方可以選擇。當然，可能有些藥方你已經吃過了，只是不知道效果好不好而已。

這個發展矩陣或許能提供給你一些優化或改善的方向，但現實的情況是，我們可能並不知道自己真正需要的藥方是什麼，加上在組織快速運行的環境下，我們也很難有充分足夠的時間來好好服用這些良方、甚至好整以暇地等待它慢慢產生療效。

管理者能力發展矩陣

組織層面

人員管理	工作管理
領導影響力 跨部門溝通 衝突管理 團隊建立與共好 團隊動能與激勵	策略管理 目標設定與執行 問題分析與解決 績效管理與評核 組織安排與授權
部屬培育與發展 工作教導與輔導 表達、傾聽與提問 面談技巧 情緒與壓力管理	計畫擬定與執行 工作時間管理 專案管理技巧 執行力的落實 工作改善的實踐

個人層面

致勝一擊的關鍵 E・A・R・T・H・

轟出全壘打的那一刻，心情當然是異常的喜悅與興奮，但我們也都知道，這是最終成果的展現，在這個最終成果的背後，有著太多的功夫與細節需要加以琢磨與準備，那也絕非是一個輕鬆的過程。我們也不會妄想隨手拿起一支球棒、心情愉快地走上打擊區，隨手輕輕一揮就能打出全壘打；就算真的幸運爆棚，揮出超越歷史紀錄的全壘打，可以確定的是，你個人創造了極大的功績，但卻未必代表團隊能夠取勝。當我們無法創造出個人與團隊同時取勝的雙贏局面，那支全壘打終究只剩下煙火的價值。**致勝一擊的目的在於為自己與團隊取得最終勝利，而非只為了在自己的牆上加上一枚勳章。**

我們需要知道的是，並非帶領團隊的人才叫做管理者，就算你只是負責自己工作任務的個人工作者，你也是管理者；你要管理任務的先後順序、管理工作的時程調度、管理手上有限資源的配置、管理與合作夥伴的互動關係、管理工作成果該如何展現等。如同彼得・杜拉克所說：「管理者是由於某『職位』和『知識』，必須作出『影響整體績效的決策』的知識工作者、經理人。人人都是管理者，也都是被管理者。」[3]

在管理者的世界裡，想要揮出驚豔的管理績效絕非易事，但也並非全然無計可施。我將跟你分享在職場上致勝一擊的祕訣：**E・A・R・T・H**，如果你準備好了，我們就一起上場吧。

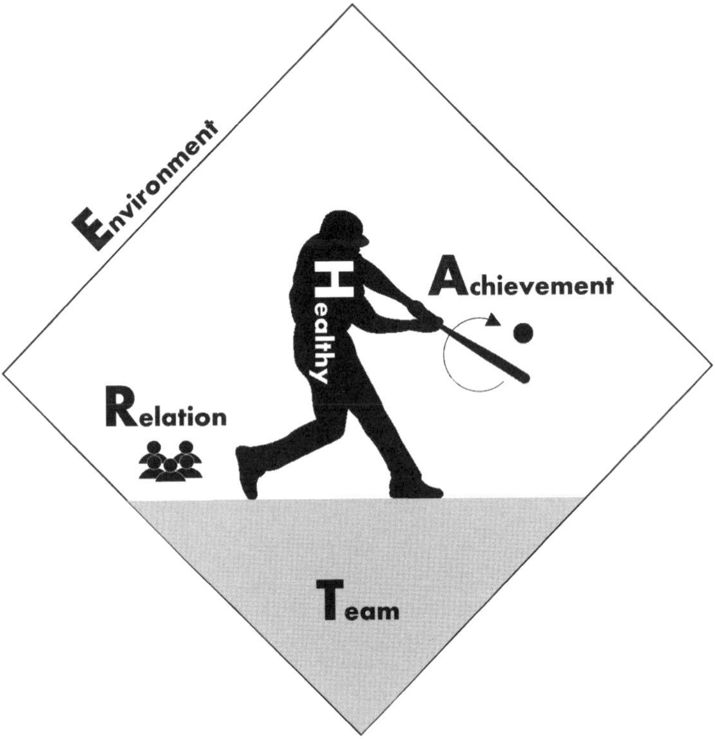
Environment
Healthy
Achievement
Relation
Team

第二章

Environment：熟悉球場

你怎麼會期待在封閉式巨蛋球場跟開放式露天球場，用同樣的擊球方式會產生出相同的結果呢？

今天的比賽場地是在天母棒球場，在全場球迷嘶吼的加油聲中，你充滿信心的站上打擊區。在與投手對決幾顆球之後，你瞄準了一顆落點紅中的快速直球，這是一個絕佳的打擊機會，你使出全身的力氣用力一揮，揮出了一發距離長達三百五十英呎的高飛球，球飛的又高又遠。在你準備舉起雙手振臂歡呼繞場之前，你或許該思考一下，這顆承載你興奮雀躍之情的飛球，百分之百一定是全壘打嗎？答案是：不一定。

如果它飛向左外野或是右外野，恭喜你打出了一發全壘打；如果它是飛向中外野，你可能要做好被接殺的心裡準備。因為天母棒球場的左外野與右外野全壘打牆的距離是三百二十五英呎，而中外野全壘打牆的距離為四百英呎。三百五十英呎的高飛球，飛的過左右兩側的牆，卻飛不過正中間的那道牆。

球場，是你可以展現實力的舞台，但全球每一個球場的基礎設施構造與組成未必相同，這也正是為何在正式比賽之前，最好能夠提前到比賽場地進行移地訓練的原因。目的當然是希望儘快熟悉球場的一切，該修正的儘快修正，該調整的加速調整，讓自己在正式上場時能夠穩定發揮，不因陌生而影響了該有的表現。你可曾好好想過，職場也是如此嗎？

管理者的困境

- 我以前公司的作法就是這樣，一切都運作的很順利啊，怎麼到了現在的公司，這些作法完全都行不通呢？
- 這公司真的是充滿官僚主義，階級制度也未免太重了吧，為什麼非得要叫經理、協理、處長這些字眼，這樣聽起來比較爽嗎？大家都是一起為目標努力的工作夥伴，叫英文名字不是比較能拉近彼此距離嗎？

- 這間公司我待五年了，如果不是今天剛好有新業務要洽談，我還真不知道原來公司裡還有策略辦公室這個單位。這個單位神神祕祕的，也搞不清楚他們到底在做些什麼？
- 今年的員工大會，董事長在台上激動地說著：我們的願景是成為華人地區最佳智慧生活的引領者，我們的使命是以持續的執行力不斷突破瓶頸，跨越巔峰。聽起來是挺雄心壯志的，但跟我應該沒啥太大的關係吧！這種活動就是這樣，要嘛宣示、要嘛喊口號，不參加還會被記缺勤，有至於這樣搞嗎？
- 覺得最近工作越來越不開心了，我想可能是昨天我看到阿強跟小黃又帶了兩包衛生紙回家。這衛生紙是公司資產欸，怎麼可以這麼明目張膽的私自帶回家使用呢？公司一直說我們最重要的價值觀是誠信正直，他們的行為根本完全不是這樣啊！主管明明知道這行為不恰當卻還是不處理，我想這個團隊真的是沒救了。

認識球場的組成

當你有機會站上球場，一定希望自己能夠有優異的表現，但就算你擁有優異的打擊技巧，因而不去深入了解球場的整體環境，你將有很大的機率得到事倍、功卻連一半都不到的結果，也可能因此而產生許多不必要的負面情緒，到頭來辛苦的還是你自己。**你怎麼會期待在封閉式巨蛋球場跟開放式露天球場，用同樣的擊球方式會產生出相同的結果呢？**

對於管理者而言，你所身處的組織便是你的球場，這個你每天待在這裡的時間比窩在家裡沙發上還要長的場所，你對它的了解到底有多少呢？你知道它建體規模的相關數字嗎？你知道它是根據何種原理來架構而成的嗎？你知道它是用了哪些複合材料來搭建的嗎？你知道它裡面具備了哪些設施與裝備嗎？如果以上這些資訊你都不清楚，那你至少應該要知道投手板到本壘的距離是十八・四四公尺，壘跟壘之間的距離是二十七・四三一公尺；當你打出全壘打，繞場一圈的距離是一百零九・七二四公尺。這並不是吹毛求疵，而是**當你越了解自己所身處環境的一切，將更有機會發揮出你的獨特優勢。**

提到組織的樣貌，我們通常會立即想到有一堆框框與線條連接的組織圖。組織圖最基本的功能，是告訴我們組織中各單位的功能與職掌、彼此間之相關性與對應層級，以及我們身處在哪一個位置。作為管理者的你，了解並解讀組織圖是你必須完成的一項工作。特別若是碰到了組織進行調整，你更是應該花個十分鐘好好看一下新組織圖的全貌，相信你一定可以從中得到非常多的資訊。像是：某些部門名稱為什麼改了名字？這裡出現一個新的部門、那裡兩個部門似乎進行了合併，或是某個部門被裁撤消失了？業務（工作）內容是否會重新進行配置？作業流程有無需要調整或重新設定？組織圖絕非只是那麼一張畫滿方格與線條的可愛圖案，它的背後牽涉到許多的策略發展與資源配置考量，往往可以讓你清楚知道目前的組織動態與未來發展方向。當然，也許你更有興趣的是，哪些人轉調部門了？哪個人往上攀升摘星了？又或是哪個人被發放邊疆去面壁思過了？

組織圖清楚明白地告訴了我們「層級與分工」，但無法告訴我們如何做好管理工作。讓我們稍微轉換一下看待組織的角度，透過這張「組織運作架構圖」，對於管理工作與組織的連結，相信你會有更進一步的理解與認識。

關於組織這座球場，涵蓋了三個基礎結構：地基、兩根柱子與屋頂。每個基礎結構各自包含了不同的元素與內容。

- 地基：績效管理與發展。
- 天幕：願景與使命。
- 兩根柱子：第一根柱子包括了經營策略、策略焦點、部門目標與個人目標。而第二根柱子則包括了文化策略、價值觀、職能與工作行為。

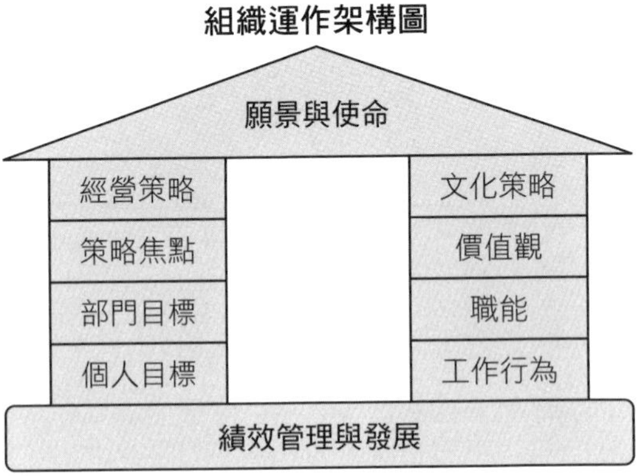

地基：奔馳的基礎

組織的地基包含了績效管理與發展，地基是否紮實且穩固，將影響組織能否正常的營運與發展。

①績效管理的真貌

所謂的績效管理，簡單的來說就是為了確保組織與工作目標能被達成的「資源和管理控制系統」，要特別注意的是：**績效管理是一個「系統」、而且是一個持續性的過程**。這個系統運作的過程是一個迴圈，當中包含了三個階段：分別是（期初）績效目標設定、（期中）追蹤與回饋、以及（期末）評核與檢討。因此，它跟你每年年末所進行的績效考核作業，是兩碼子的事情。績效管理是一個體系迴圈，**著重在管理組織**

與員工「未來的績效」，具有積極與持續改善的精神；而績效評核是針對員工的表現進行考核評分，會產出一年一次或兩次的成績單，也就是打分數這麼一件事情，這種回憶性的檢討工作，**著重在評量員工與組織「過去的績效」**。當你可以釐清這兩者之間的差異，你就會清楚知道每到年底都幾乎把你逼瘋的績效評核作業，只不過是績效管理其中的一個階段而已，占的比重連一半都不到。

大多數的人並不喜歡績效評核這件事情，除了繁複的行政作業之外，身為一線的基層員工，擔心評分偏差而導致不公平，進而影響自己的升遷發展；身為管理者則苦惱著該怎麼給分才算是公正，強制分配的名額該怎麼安排，末位淘汰更是令人心煩，績效公告之後又該如何面對員工的疑問與情緒，甚至要開始思考，接下來的績效改善方案要怎麼制定與進行。因此，如果你沒有把績效評核與績效管理這兩件事情給搞明白，你將會視績效管理為畏途，也將永遠體會不到績效管理能帶給你的眾多好處。因此，別再把績效管理與績效評核視為相同的一件事情，績效管理追求的終極目的是為了發展，而不是為了評價誰優誰劣。因此，身為管理者的你，除了做好績效評核，更需要做好績效管理。

很多人其實並不太清楚企業或組織為什麼要推動績效管理。我們最基本的理解是公司訂定了營業目標以及一堆績效指標，然後我們要想方設法去努力完成這些具有挑戰性的目標，只要能夠達成目標，那公司就會有不錯的獲利，有獲利也代表公司的整體運作是穩定的，這樣我們就可以繼續待在工作崗位上，不僅不必被裁員，說不定還有豐厚的獎金可以領。這個基本的理解，在邏輯上並沒有太大的問題，如同管理巨擘彼得・杜拉克在《卓越成效的管理者》[4]書中所說的：「公司付你薪水，就是希望你展現效能；沒有效能，就沒有績效可言。」

②績效管理對不同階層的意義

如果進一步仔細觀察，你將會發現組織中的各個階層，看待績效管理所代表的意義跟價值，其實是大不相同的，對於績效管理認知上的落差，往往超乎我們的想像。

對於一般的同仁來說，我就是那一個被評價、只能被動接受分數的人，所以績效管理也就是對我的「**結果管理**」。我的焦點只會放在最後的結果是什麼，因為這個結果會關係到日後的獎金有多少、會不會被調薪、能不能具備或擁有晉升的機會。因此，我會非常非常在乎這個制度是否有一致的衡量標準（這當中含括了：我的主管是否能夠公平的評價部門內的每一個同仁、我的部門跟其他部門的評價方式是否有很大的落差），以及有清楚的績效作業流程能夠讓我有所依循並配合。如果你想跟我談談在公司、在工作上未來的發展是什麼，其實我並沒有太大的興趣，頗有電影《征服情海》裡的經典台詞「Show me the money」的味道。

對於中階管理者來說，績效管理的實質意義在於這是促進團隊績效的「**達標方法**」。透過績效管理的流程，你與員工之間將會有更多的機會來進行良善的對話與溝通，這樣的溝通過程也將同步帶來許多看不見的正面效益，像是：你可以更加知道員工的思維與動機，確認他對於工作職責與目標是否有清楚的理解。如果彼此有認知上的落差，你可以加以傾聽、引導來取得彼此的共識；如果方向一致，你更可以進一步取得員工的信賴與承諾。你可以針對員工目前的工作狀態進行即時回饋，鼓勵與建議可以增進或改善哪些技巧或知識，這是一個強化管理的過程，也可以協助員工順利達成預期的目標。

而對於高階主管，績效管理的思維重點將著重在「**策略連結**」。

在面對快速變化的市場經濟，經營者如同航行在劇烈風暴中的一名船長，他必須隨時關注環境的變化，並在狂浪之中找出那一道有利的破口，然後快速且明確地下達清楚的指令，與船員們一起奮力衝出一條活路。這其中有幾個重要關鍵，第一個是關注變化並找出機會點：**集中經營的焦點，並找出適當合理的對策**；第二個是快速且明確地下達清楚指令：**將策略開展成具體可行的目標與作法，並將公司的策略與員工的目標緊密結合的運作**；最後一個就是一起奮力衝出一條活路：也就是**全面提升員工的績效表現**。

就算今天你還只是一位勤勉工作的一線員工，我仍然建議當你在看待績效管理這件事時，至少能夠具備「達標方法」的思維層次，因為它將會讓你知道達成工作目標有哪些更好的方法。

③績效管理的目標

作為組織運作的底層地基，績效管理與發展提醒著組織應該有效運用有限的資源（人力、物力、資金、時間等），讓組織可以順利地運作，進而可以長期持續的發展。這裡所提到的績效發展，包含著組織發展與個人發展，當我們以時間軸的角度來看待績效發展，就會更加清楚其面貌。績效發展的短期目標跟我們個人息息相關，相對於公司追求永續經營的遠大目標，我們對於「立即性」更有感覺，像是：獎金的發放，職稱、職位或職等的調整（輪調）、給予更多的培訓學習機會，列為晉升人選或接班人等，這些都是屬於績效發展的短期目標。績效發展中期的重點則在於部門（單位），當個人績效發展的夠好，整個部門的績效發展也能夠獲得相對程度的提升，部門的運作可以更加順暢與穩健。最後的長期發展目的當然就是擴及整個企業組織，提升組織整體的競爭力，進而達到永續經營的目標。

而公司企業經營屬於營利事業，必須對股東、顧客及員工負責，追求並保持獲利算是最基本的任務，否則巧婦難為無米之炊，再宏大的理想也難有實現的一天。相信你也不會待在一間持續虧損的公司，不是嗎？營利事業單位推動績效管理有其目的，那麼，你覺得非營利事業單位組織需要這麼做嗎？它們都是屬於公益性的社團法人、財團法人或行政法人，這些協助他人脫離困境的善心組織，也需要講求所謂的績效、或是推動績效管理嗎？

以我們常聽到的財團法人創世社會福利基金會或是喜憨兒基金會，都是協助家境清寒者或心智障礙者的公益單位，它們需要這個看起來似乎毫無溫度的績效管理嗎？在你思考這件事情的同時，不妨先看看以下這兩段資訊：

• 衛福部一〇九年底，統計全台植物人數 2,776 人，創世基金會服務數據（至一一〇年四月）為：

	安養	到宅
服務據點	17 院	20 處
床位數	1,007 床	
在案服務人數	780 人	2,266 人（植物人 1,493；老人 773）
累計服務人數	2,486 人	11,615 人（植物人 7,539；老人 4,076）
服務內容	原床泡澡、傷口護理、專業照護諮詢與技術指導、營養諮詢、肢體復健、社福資源連結及家庭支持關懷。	

創世社會福利基金會官網

• 喜憨兒基金會二〇二二年全區服務成果：

	服務人數	服務人次
照顧服務	577 人	122,710 人次
(1) 全日型照顧服務	84 人	25,597 人次
(2) 日間照顧服務	343 人	71,676 人次
(3) 居住服務	64 人	10,479 人次
就業服務	807 人	89,771 人次
復健服務	288 人	7,643 人次
社區支持	5,587 人	53,067 人次
社會宣導	1,683 場次	193,654 人次

喜憨兒基金會官網

看完以上這兩段資訊，現在你覺得非營利事業單位需要推動績效管理嗎？

非營利事業單位也許不需要獲利的績效，但它需要有「募款」的績效，倘若它無法募集到足夠運用的資金時，這些社會服務則會推動的非常辛苦、甚至有可能完全推展不了，這絕對不是它們與社會大眾希望看到的局面。透明公布以上這些服務項目、服務人數或服務人次等相關數據，是在向它的股東（捐款人）傳達一項重要的訊息：您因善心與愛心所捐助的每一筆金錢，我們都有妥善適當地分配運用，因此社會上有許多需要被協助的人，在您的資助下便得到了相關的照顧與幫助。我們沒有浮濫使用這些金錢，請您放心的信任我們、也請持續支持我們需要的款項。

有了基礎建設的地基，我們就可以開始思考：設計這棟建築的核心理念是什麼？這棟建築完工後的宏偉畫面該是何種模樣？這部分就是組織運作結構的天幕：願景與使命。

天幕：高度的極致

天幕，是我們用力的揮擊球，希望那顆球能達到的高度。那個高度或許遙遠、那個高度或許從沒有一個球員打擊到過，或許那是一個夢想，但不去試試看，怎會知道這個夢想會不會成真呢？

①願景的輪廓

願景（Vision），像是一個指南針，告訴我們應該前行的方向，它引領著我們前往那個我們心神嚮往的桃花源，也讓組織團隊中的每個人都知道，我們就是為了桃花源而一起努力著。

願景是這些年來非常火紅的一個管理詞彙，我們不斷強調它的特殊性與必要性，但若要給它一個非常明確的定義，我們似乎很難具體的描述出來，再加上還有使命

（Mission）這個詞彙，我們真的不太容易分辨兩者之間真正的差異。不妨先來看看專家學者們的解釋，或許可以給我們一點頭緒。

學者詹姆斯・M・庫澤斯（James M. Kouzes）與貝瑞・波斯納（Barry Z. Posner）提出一個觀點，認為「願景是一種未來的理想與獨特的想像」。（一九八七）[5]

愛德華・錢斯（Edward W. Chance）在〈發展行政願景〉（Developing administrative vision）一文中告訴我們，「願景是呈現一個組織想要達成的清晰光景，和一個組織成員能共用、引以為傲、作為評量工作標準的圖像。」（一九八九）[6]

被稱作領導變革之父的約翰・科特（John P. Kotter）則認為願景是「描繪一個組織未來應該變成什麼樣子，以及提出清晰達成此目標的可行方法方面的商業、工藝，或組織的文化。」（一九九〇）[7]

在二〇二〇年出版的《恆久卓越的修煉：掌握永續藍圖，厚植營運韌性，在挑戰與變動中躍升》（*BE 2.0: Turning Your Business into an Enduring Great Company*）一書中，對於願景與使命有了更進一步的闡釋。這本書是由詹姆・柯林斯（Jim Collins）與比爾・雷吉爾（Bill Lazier）共同著作的一本書，如果你看過《基業長青》（*Built to Last*）或《從 A 到 A+》（*Good to Great*）這兩本經典暢銷管理書籍，一定就會知道詹姆・柯林斯這號大師級的人物了。

他告訴我們，領導人的首要責任，是為公司催生清晰的共同願景。至於如何建立願景呢？書中提出一套發展組織的「願景架構」，告訴我們一個好的願景需要包含三個元素：核心價值與信念、目的、使命。[8]

> 如果只想賺錢，願景就不是必須，你當然可以在沒有願景的情況下，開創有利可圖的事業。許多人沒有動人的願景，仍然賺大錢，但如果你要的不只是賺大錢，如果你想打造一家永續卓越的企業，就需要願景。

而願景的價值在於：

- 為人類的超凡努力奠定基礎。
- 作為策略性和戰術性決策的依歸。
- 提高凝聚力，促進團隊合作和社群意識。
- 為公司打下地基，不再只依賴少數關鍵人物。

綜合以上的諸多說明，我們不難發現願景相對於使命，有著更高的層次與理想性。在我的管理課程中，針對願景這個主題，我經常使用以下的步驟來引導大家思考：

- 步驟一：請閉上你的眼睛。
- 步驟二：靜下心來思考一下，若你有機會協助公司（組織、團隊）重新打造，你想要打造出的完美模樣是什麼？（增加了什麼？或是減少了什麼？）

- 步驟三：這畫面中有哪些人事物？這些畫面帶給你的感覺是什麼？
- 步驟四：記錄下你所有的感覺。
- 步驟五：將這些感覺彙整成一句話。

②使命的力量

願景，是組織對於未來的美好想像，是所嚮往的前景。這個想像與前景，是實際的、是可以被相信的、是鼓舞人心的，且深深地吸引著我們往那個方向持續的邁進。**願景給了我們明確的方向感，它告訴我們「那個美好的明天應該是什麼模樣」，而使命就是「我們將如何來努力實現那個美好的未來」。**

詹姆．柯林斯《恆久卓越的修煉》書中提到：「使命是清晰動人的整體目標，讓眾人的努力得以聚焦。」

使命應該簡潔、清晰、大膽、激昂，建立連結，觸動人心，無須多做解釋，大家立刻明白。

好的使命有終點線，必須有辦法知道何時已達成使命。好的使命是有風險的，會落在理智上說「這樣太不合常理了」，直覺卻說「但我們相信自己辦得到」的灰色地帶。我們很喜歡用這句話來傳達使命的概念：**膽大包天的目標**。

最後最重要的是，好的使命必須在特定時間內完成。

如果看到這裡，你開始覺得有點觀念上的混淆，其實也不用太過擔心，用最直白的話來說：使命，就是你「使上生命」的全部，也一定要去幹、一定要完成的事情；那是一種「使命必達」的精神與態度。

組織擁有了完整的地基（績效管理與發展）、具備了方向明確的天幕（願景與使命），還需要撐起這整座組織建築的柱子，組織才能維持一定的穩定與平衡。這包含了兩根柱子：分別是第一根柱子：策略與目標，以及第二根柱子：文化與價值觀。接下來，我們來看看這兩根柱子的內容。

柱子：穩定與平衡

①第一根柱子：策略與目標

為了想要達到那頗具高度挑戰的願景，我們絞盡腦汁的思考著，到底有哪些方法可以讓我們往願景更加靠近一些？為此，我們開始擬定一些策略與計畫、訂定每個階段或時期應該完成的目標或里程碑，以確保我們的步伐是穩定且循序漸進的。

以上四個步驟，通常在每年的九至十一月的「年度策略會議」開始啟動，大多是經營者提出組織未來一至三年預計發展的方向、或是需要完成的目標與任務。接下來便是主管成員（中階主管以上）齊聚一堂，針對經營者提出的大方向，開始提出初步的想法或方案、彼此交換意見並給予建議、考量策略方案的可行性與投資報酬率、現有資源該如何配置（增加或刪減）、是否應該導入新的系統或是工具等。為使這個過程能更加聚焦而不至於發散，我們通常會使用一些策略管理工具來激發、蒐集更多的想法，並加以整合與收斂，最常使用的工具像是：PEST分析、SWOT分析、五力分析、BCG矩陣、安索夫矩陣（Ansoff Matrix）等。

我們或許都參與過策略會議，也聽過策略管理，但策略到底是什麼？戰略管理專家艾爾弗雷德・錢德勒（Alfred D.Chandler,Jr.）提到：「策略是企業的長期基本目標，以及為了達成這些目標所採行的行動方案與資源配置的決策。」[9]而競爭戰略之父麥可・波特（Michael Porter）則說：「策略的本質就是選擇什麼事情不做。如果不做這番折衷，那麼就沒有必要做選擇，也不必講究策略。如果你不進一步去了解策略的本質是什麼，那你費心訂定的策略可能只是目標。」[10]

在組織運作中，策略為你「建立」競爭優勢、策略幫你「界定」了生存的利基、策略「指導」你該如何進行有效的資源投放，最後，策略「推動」著你的每一項經營活動。在以往做策略的過程中，我們大多把心思放在我們應該做些什麼、什麼事情應該接續以往持續地做下去。在此，我想提供給你一個反向觀點，當你下一次在擬定策略的時候，不妨去思考：**我不要做哪些事情，以及哪些事情應該停止，不要再繼續做下去了**。透過這樣的思考角度，相信你會獲得更全面的答案。你需要理解的是，策略的基本原則其實就是「取捨」，當你什麼事情都想做、什麼都想參一腳的時候，其實你也就不需要策略了，小孩子才做選擇的思維並不適用在這個地方。

當我們將組織接下來預計發展的策略重點透過一次又一次的梳理而明確定案，接下來便是進入目標設定的階段。首先，各個部門主管依據以上發展出來的策略重點，思考著：為了有效達成組織的策略發展與目標，我的部門應該完成哪些工作目標與重點任務？當部門目標確定之後，接下來便是部屬員工去思考：為了有效達成部門的目標，我應該完成哪些工作目標與重點任務？因此這第一根柱子，有著「一脈相傳」的特性，每個員工的個人目標可以達成，部門目標就可以的達成；而組織每個部門的目標可以達成，則支持著組織目標與策略的達成。因此，就算你認為自己只不過是一名基層的小小員工，你所完成的每一個小目標，似乎只是在協助主管完成他的個人目標；但在組織運作的整體脈絡裡，你其實是在支持著組織目標往前更進一步。

或許在目前的管理工作上，「策略」離你還有點距離，甚至你覺得這跟你沒有多大的關係，但「目標」這兩個字你絕對非常的熟悉，因為你隨時隨地都在為它用力拚搏著，一聽到KPI（Key Performance Indicators）這個字眼，我們全身的肌肉都會不自覺地緊繃起來。有了目標，讓我們知道應該把工作重點放在哪裡，目標帶給我們工作聚焦的效果，正因為聚焦效果，這當中就有一個成敗關鍵：你聚焦聚的精準不精準？如同你拿著一把放大鏡，期望能把太陽光線聚焦起來，以點燃眼前的那一堆柴火。有人可以十秒鐘就點火成功，可你偏偏搞了十分鐘卻連一點煙都沒有，這當中的差異便是目標聚焦的功力。如何有效聚焦目標並達成績效，將會在下一章「Achievement：進行有效打擊」當中詳細說明。

②第二根柱子：文化與價值觀

在你的組織工作環境中，如果團隊與夥伴之間的互動是以下這樣的情況：部屬只會跟你匯報工作相關內容，你只在乎工作不要延遲、客戶不要客訴、產線不要故障，老闆也只會問你目標到底達成多少了，其他東西我們都不是很在意。我們一心一意只關注績效是成長還是衰退，你每天在所謂的SOP（Standard Operation Procedure）上穩定的運作著，成員彼此之間只談論著KPI做了多少。到了年底的績效考核，公司只看你的目標達成率便決定了你今年的表現分數。大家依據著完整齊備的管理規章行事，績效能夠順利地產出就好，只要不是能夠創造出好績效的人事物，那些都不是那麼的重要。你覺得這樣的組織管理，合理嗎？行不行的通呢？

當然行的通！也許你現在所待的組織就是這樣的狀況。

但是，每天只談績效、只談目標地工作著，你一定會感受到在組織團隊之中，似乎少了那麼一點點東西、缺少了那麼一點點感覺。這東西不像策略、目標那麼的明確與具象化，但你知道如果有了這些東西，個人與團隊可以變得更好。這些無形的東西可能像是：能夠尊重彼此、彼此間可以充分地理解與溝通、大家都願意擔起相關責任而不會推諉卸責、願意一起分享經驗跟給予回饋、共同學習成長……等，這些無形的東西，我們可以稱之為「文化」與「價值觀」。

文化與價值觀很重要嗎？它究竟可以影響什麼？影響到什麼程度？跟你分享一個小故事，或許你會感受到它的重要性比想像中的大。

你是銷售部門的一名業務，目前銷售部門共有六個人，除了部門主管陳副理、再來就是四位同事，分別是A、B、C、D。陳副理為了確保團隊業績能夠穩定發展、一旦有案件需要支援可以隨時補位，因此每天早上九點都會進行業務會議，以了解每個人的業務進度與狀況。團隊中的每個成員也都習慣這樣的早會模式，除了工作進度報告，這也是聽聽其他夥伴分享市場與成交經驗的好機會。

在部門當中，同事C的業績表現可謂是非常的亮眼、要說是一枝獨秀也不為過，你挺佩服他在客戶的經營上的確真有一套，客戶不僅很少跟他談判砍價、甚至還會主動介紹很多的新客戶給他。你心裡只有一個感覺：C根本不缺業績啊！真的是隨便做做都輕鬆達標。你非常欣賞C在業務工作上的表現，甚至希望可以多從他身上學習一些掌握客戶的技巧，儘管C是你業務工作上想要學習的榜樣，但C卻偏偏有一個點讓你覺得非常不舒服、甚至覺得厭惡，那就是每天早上九點的業務早會，C從來沒有準時參加過。若是偶爾遲到幾分鐘還情由可原，但通常的情況是早會都已經結束了，才看見C走進辦公室。

你心裡想著，這是部門所有人的團體會議，C這樣的行為代表著：仗著業績好就獨來獨往、一點都不尊重他人，不僅沒有團隊的精神，更沒有基本的職場素養，根本就是完全沒有紀律可言。

C這種不準時參加部門早會的行為，在你的眼中來說就是犯了大忌。問題是，這是你的大忌，而不是C的大忌，可能也不是部門主管陳副理心中的大忌。這當中最大的差異在於，你們之間對於人事物存在著不同的看法與價值觀，因此看待同一件事情的角度截然不同。我們當然關懷組織中的每一個人，並尊重彼此的思維與價值觀，讓團隊保有多元化而非是一言堂的環境。但如果組織中的所有人，發現我們彼此之間大部分的價值觀是趨於一致且靠近的，就算有一點點差異也可以異中求同，這將是多麼令人感到舒服的一件事情。這個一致與求同的東西，在組織管理中我們經常聽到的字眼會是：經營理念、企業文化、核心價值……等。它的重要價值與意義在於，它代表著組織的「人格」、它代表著這是我們組織行事的共通「準則」，不管是對內還是對外，都是依循這樣的「標準」。它代表著我們組織會做哪些事，絕不做哪些事，以及我們重視的一切。

如果我們可以擁有思維與價值觀一致的工作夥伴，就代表在辛勤工作的路上，我們有了同路人，彼此之間的步調會比較一致、大幅降低脫隊的狀況。我們也都知道大家喜歡什麼、不喜歡什麼，不會做出令團隊擔心失望的事情，特別是帶有灰色空間的違法事情。我們彼此之間還是會有爭論辯解與爭執，但我們可以更快地取得大家都能接受的共識。組織如同一艘大船在遼闊的大海上前進著，第一根柱子提供了我們完整的硬體設備，有羅盤指引方向、有明確的任務分工與作業流程、有堅固的船體與新進設備來因應各種海象，我們可以順利運行，但卻很難知道究竟可以走多久、走多遠。如果領航員跟鍋爐長針鋒相對而各自為政呢？如果船長只憑藉自己豐富的經驗，而不甩天氣情報官所提供的海象資訊與建議呢？我們將會發現，第二根柱子存在的必要性與重要性，並不亞於第一根柱子。這樣的醒悟與理解，特別反映在這十年來企業招聘的人才策略上。

早在二十年前，詹姆．柯林斯在《從 A 到 A+》這本書中便提到：先找對人，再決定要做什麼。

「先找對人」是個非常簡單的觀念，但是卻很難做到，而且大多數的公司都沒有做好。第一個重點是，必須在你想清楚要把車子開往何方之前，先把適當的人請上車（並且把不適合的人都請下車）。第二個重點是，要讓公司從「優秀」變成「卓越」，在用人時必須精挑細選，非常嚴謹。[11]

二十年後的今天，詹姆．柯林斯在《恆久卓越的修煉》中更進一步地說明，身為管理者的你應該為組織留下對的人、替換掉不對的人，而替換與否可以有七個指標來加以思考衡量：[12]

當你來到分界點，決定換掉坐在關鍵位置的人，切記有個重要的分別：要嚴格，而非無情。嚴格的意思是，對自己誠實，坦然面對必須換人的現實。但決策時態度嚴謹，並不意味著要無情地推動改變。

1. 這個人繼續待著，會不會流失其他人？
2. 這個人是「價值觀」、「意志力」、還是「能力」的問題？

3. 這個人經常「怪罪他人」、還是「自我反省」？

4. 這個人視工作為職務，還是責任？

5. 過去一年中，你對這個人的信心是上升，還是下降了？

6. 這個人是否坐在正確的位置上？

7. 假如這個人離職的話，你會有什麼感覺？

因此，你會發現當今企業在人員招募作法上，我們不再對求職者進行所謂的智力測驗或是邏輯測驗，取而代之的是了解應徵者特質的職業適性測驗，或是人格特質測驗。我們發現在尋找工作夥伴的路上，若是目前在能力或技巧上達不到熟練的地步，那還可以透過教育訓練的方式來加以補足強化，而其內在的心態與價值觀，這些東西通常是再怎麼花時間訓練都難以改變的。最終有一天你將會體悟到，如果能夠找到對的人進入團隊，將會大量減少我們在管理上的挑戰與困境。

環環相扣的球場要素

回顧一下組織（球場）的整體架構：

- 地基：績效管理與發展。
- 天幕：願景與使命。
- 兩根柱子：第一根柱子包括了經營策略、策略焦點、部門目標與個人目標。而第二根柱子則包括了文化策略、價值觀、職能與工作行為。

建立起完善的績效管理架構與制度，並正向看待其績效迴圈的意義，而非只是打分數的績效考核，組織與個人將可以在這個基礎上不斷地精進與發展（地基）；而透過清楚的策略發展與明確的目標設定，逐一完成每一個階段應該完成的任務，並在衝刺績效的同時，同時形塑起相同的文化與價值觀，讓組織團隊成員之間更容易取得共識與強化夥伴緊密感（柱子）；而前面所做的一切安排與努力，都是為了更靠近那一個我們心目中的夢想花園（天幕）。

當你可以完全理解組織運作的基本架構之後，現在可以回過頭來重新審視你目前所站上的這一座球場，它的地基是否夠夯實穩固，不會讓你衝刺上壘時因土質過於鬆軟而可能扭傷了腳？它的眾多柱子是否能夠強力支撐住球場結構的平衡與穩定，讓你可以全然安心地投入比賽，而不用心有顧忌地覺得球場可能會突然倒塌或崩裂？它能否能夠給你布置一個繁星滿天的天幕，讓你超想揮出那麼一支全壘打，並親眼看著這顆球以完美的弧度飛入天幕之中？以上這幾個問題，不管你心中的答案是如何，你都必須有一個清楚的認知：你不僅僅是球場的使用者，也是球場重要的維護者。

第三章

Achievement：進行有效打擊

先確保自己具有擊出安打的能力，

就算只是一壘安打、甚至保送，那都是推進。

在今晚九局的比賽當中，你共有四次站上打擊區的機會，在賽後的球員紀錄表上，記錄了你今晚共有兩次擊出高飛球被接殺、一次戰術短打觸擊失敗而遭到封殺、一次被三振。是的，今晚的你繳出了一張完全無效打擊的成績單，你不僅無法讓自己站上壘包，你也沒有辦法創造出讓隊友有推進壘包的機會。

記得提醒自己，腦子裡千萬不要一直想著，只要讓我抓到那麼一顆好球，我就有機會轟出全壘打，全面逆轉球隊眼前的巨大劣勢，然後凱旋而歸。**在擊出全壘打之前，請先確保自己有擊出安打的能力，就算只是一壘安打、就算只是四壞球被保送上一壘，這都是很可口的成績，因為它為整個團隊帶來了「推進」的效果。那是一種前進的氣氛，那是一種會帶領大家持續往前的感覺。**

為了有效地推進，你必須清楚球隊這一季的比賽策略是什麼，是先想辦法讓勝場數多於敗場數，起碼先挽救這兩年來的慘敗成績跟流失的票房；是至少要打進季後賽，確保廣告商的贊助投資不會打水漂；還是目標只有這麼一個，就是打進總冠軍賽，然後拿下年度總冠軍。

球隊的策略將會影響每一場比賽的目標，而每場比賽的目標也將會影響你當天面對比賽時相關動作的調整，像是選球策略、擊球策略，以及防守布陣策略。你必須清楚球團、教練群對於賽事的策略操作與目標執行，你在場上才能做出相對應且適切的動作。一群各自展現過人才能的優秀球員，若缺乏一致的目標與方向，那將是一場重大災難。

管理者的困境

● 主管說今年的部門目標是要達成五億的營業額，希望大家好好拚一下，還說達成之後會有爽到翻的獎金可以拿。但我還真的不知道我要做些什麼才能做到五億，何況，五億是你這個主管的目標，不是我的目標啊！

- 在年初準備設定今年的工作KPI時，主管說今年的年度績效目標要加上學習成長指標，我搞不清楚這學習成長指標要怎麼訂定。主管說這你倒是不用操心，因為全公司的學習成長指標就是「年度上課學習要滿三個小時」，上課三個小時就代表我真的學習成長了嗎？我真的超級疑惑啊！
- 年底跟主管進行了績效面談，我所有的工作KPI都達標了，就這個學習成長指標沒達標，三個小時訓練時數的標準我只完成一個小時，我還記得這一個小時是那個勞工安全講習，這可是全公司每個人的必修課程。主管說我這個KPI的達成率只有三十三％，不能得到這個指標的績效分數。我聽到這個回答之後超級火大，我在五月份曾經主動申請要去上三個小時的簡報技巧課程，但你就是沒批准啊！現在反而怪我沒有達標，你這主管是不是有點太扯啊！
- 上次參加為期兩天的主管策略會議，要說這是策略會議，我倒是覺得比較像是布達會議。策略這玩意不應該是大家一起腦力激盪、集思廣益，然後取得共識嗎？

過程中雖然會有激烈的討論與爭執，但大家對於策略方案的認同度也會更高啊！這種被告知的策略，真沒有絲毫的參與感！

- 部屬David今年上半年的業績未達標，依照公司訂定公告的績效管理辦法，我需要對他進行績效改善計畫。在面談室中，我告訴David需要進行績效改善，也邀請他試著說明一下業績未能達標的原因是什麼。David很無奈地告訴我：老大，你也知道今年上半年的市場景氣真的很差啊！我們就小蝦米一隻，哪有能力去對抗整個市場環境啊！現在還能拿到一、兩張訂單已經很阿彌陀佛了。我完全相信David所說的這些，也深知今年上半年的市場狀況的確很糟糕，但我相信市場崩跌絕對不是影響David業績大幅滑落的主要原因，那問題到底出在哪裡呢？如果找不出真正的問題點，我對David進行再多的改善計畫方案也無濟於事啊。
- 每到年底績效評核的時刻，就是我最痛苦的時候！公司要求的強制分配，最優秀的A等只有兩個名額，麻煩的是，我還得挑出兩個部屬，給他們最差勁的E

等。A等的有機會可以加薪、提報晉升，E等的後續還要寫一大堆的績效改善報告。我知道拿到A等的部屬會覺得很爽，但我也知道拿到E等的部屬會更加非常地不爽，我到底該怎麼評比分配呢？那個大雄今年九月才離職，反正人都離開了，E等這個名額就給大雄吧，至少可以少得罪一個人。

身為管理者的你，一旦站上打擊區，進行有效的攻擊，做出大家都看的見的成績，是你工作上的第一要務。公司要求你在工作崗位上展現出效率、品質、穩定，不是沒有原因的，因為你必須有所產出，而且最好還是具有重大貢獻的產出。當你無法有效地輸出成果，就算你擁有多麼可愛親切的人格特質，你終究會被下放板凳區，然後合約終止。為了能「進行有效打擊並交付具體成果」，你可以將工作焦點放在以下三件事情上：球隊的策略與目標、找出真正的問題點，以及進行擊球改善計畫。

球隊的策略與目標

為了讓工作能夠有效推進，且推進方向沒有偏差，策略與目標的清晰度與能見度至關重要，所謂「將帥無能，累死三軍」便是這個道理。**策略的核心精神在於「取捨」，重點在於「捨」而不是「得」，當你什麼事情都想做、什麼都想沾邊做一下，得到的或許只是內心的安全感，對於個人與團隊的前進其實毫無幫助。**

盤點球隊的現況

擬定策略的方法與工作很多，在此我用大家經常使用、耳熟能詳的「SWOT分析」來談談策略這件事情。在授課的課堂上，我經常問大家一個問題：誰可以告訴我什麼是SWOT分析呢？得到的答案幾乎是：S是優勢、W是劣勢、O是機會、W是威脅。我常開玩笑說，這只是名詞解釋喔！當我進一步追問SWOT分析到底在談些什麼呢？通常很難得到更明確具體的回答。於是我再換一個問題：那大家進行SWOT分析時，使用的方式或表單是什麼？大概有九十五％的機率看到以下兩張圖。

如果你也是使用以上的圖表跟方法來進行策略分析

SWOT 分析－1

Strengths 優勢	
Weaknesses 劣勢	
Opportunities 機會	
Threats 威脅	

SWOT 分析－2

Strengths 優勢	Weaknesses 劣勢
Opportunities 機會	Threats 威脅

而企圖找出好的方案，那真的是太可惜ＳＷＯＴ這個好工具了！ＳＷＯＴ分析對於我們最大的幫助在於，協助我們發展出「策略矩陣」，得以進一步去全盤分析與思考，到底何種策略最適合我們的現況。因此，以後你可以使用以下這個矩陣表格來梳理策略，將可以協助你在策略發展上找出更多的可行方案。

首先你應該知道的是，Strengths（優勢）與Weaknesses（劣勢），**是往內盤點「組織內部的狀況」**，仔細檢視現在的我們擁有什麼、以及缺少了什麼。而Opportunities（機會）與Threats（威脅），**是往外盤點「組織外部的狀況」**，看看目前在市場上有什麼不錯的機會點，以及未來可能面臨的威脅與挑戰有哪些。

SWOT 矩陣分析

內部環境／外部環境	Strengths 優勢	Weaknesses 劣勢
Opportunities 機會	SO 策略（進攻策略）	WO 策略（防守策略）
Threats 威脅	ST 策略（調整策略）	WT 策略（生存策略）

針對SWOT開展的四個面向，我們可以透過以下問題進行思考與對話。

- Strengths（優勢）
  - 我們最適合做的事情是什麼？
  - 我們很擅長做的事情是什麼？
  - 我們擁有哪些關鍵的資源？（人員、技術、產品等）
  - 我們與眾不同的地方是什麼？
- Weaknesses（劣勢）
  - 我們不太適合做的事情是什麼？
  - 我們並不擅長的領域是什麼？
  - 有哪些營運或管理指標大幅低於同業平均值？
  - 我們落後競爭對手的地方在哪裡？

● Opportunities（機會）

- 我們是否有機會找到新的客戶群？
- 我們能否開發出新的產品？
- 市場是否有新的趨勢讓我們可以順勢切入？
- 政府或供應商的某個政策有利於我們找到新的利基？

● Threats（威脅）

- 我們的技術或產品可能被取代？
- 市場開始進入黃昏階段、或持續惡化中？
- 政府或國際相關法令對我們有所限制、或是不良影響？
- 政治因素或社會因素不利於我們推展業務？

當我們能夠逐一盤點出SWOT四個面向裡的關鍵因素後，接下來就是關鍵時刻：整合這些因素並發展出可能可以操作的策略。SWOT矩陣分析可以提供給你四個策略發展的角度，分別是：

● 優勢＋機會（進攻策略）

這個區塊就是：自身能力很強、超強，掌握別人沒有的資源或是關鍵技術，加上現在外面市場情勢一片大好，適逢這麼難得的絕佳機會，當然是集中火力勇敢拚搏一番，不管是業績或是市占率，將有機會可以獲得大幅增長。這個類型的策略，我們又可稱之為「發展型策略」或是「乘勝追擊策略」。

● 劣勢＋機會（防守策略）

組織內部目前面臨眾多缺口（人力缺口、能力缺口、技術缺口等），雖然外面的市場蓬勃發展，面對這絕佳的機會卻沒有能力跟本事去分一杯羹，這種望之興嘆的局面，消極作為便是只能原地進行防守。如果願意積極一點，組織先進行全面盤點，在既有的基礎上做些調整或是變化，我們通常稱之為變革或是轉型；抑或是去尋找彼此之間能夠截長補短、或是可以共利的企業（甚至是學校），進行合作共創。因此這個區塊的策略包含了「轉型策略」或是「策略聯盟策略」。

- **優勢＋威脅（調整策略）**

自身現況雖然掌握極大的優勢條件，獲利績效也算穩定，但面對外在的挑戰與威脅，勢必需要有些作為來加以因應。可以思考的是，目前的優勢是否可以加以延伸或是變化，像是產品的延伸、或是現有的技術可以放大應用到其他領域，進行所謂的創新行動。或是多角化發展，像是：跨足相近領域、在自身產業價值鏈當中往上游或往下游發展，以及應用現有技術，開拓周邊相關性高的新市場。因為內部尚具有一些優勢，所以還有能力可以調整來因應威脅，這當中包含了「創新策略」及「多角化策略」。

- **劣勢＋威脅（生存策略）**

自身的營運體質不算健康（產品技術落後、人員流動率過高、客戶量大幅萎縮等，經營團隊成員彼此間的對立與內鬥當然也算），而外面的市場景氣前景黯淡，要是再加上相關法令條件的限縮，那真的是遇上了一個雪上加霜的淒慘局面。如果真的遇上了這樣的狀況，能做的事情就是先想辦法避開所有可能致命的風險，至少保留一口氣生存下來，只要能夠活下來，未來都還有機會捲土重來。在這個區塊你要思考的便是「防禦策略」或是「避險策略」了。

策略決定了前進的方向，接下來每個階段應該走多遠、跳多高，為每個階段設立一個期待目標值，便是屬於目標設定的範疇了。目標這個東西，我們其實一點都不陌生，因為它從小就存在我們的生活當中，數學考試成績要有九十分、希望自己瘦一點、要努力賺錢買輛車或是買間房、要考上公務員才有穩定的鐵飯碗等等，這些都是我們曾經為自己立下的目標。延續這樣的思維習慣，當我們需要在工作上為自己設定一些目標時，會發現此時寫下來的目標「長相」，其實跟兒時差不多。

目標跟夢想不一樣

在目標管理的課程中，我經常邀請上課的學生們寫下自己生活上及工作上的目標，以便了解他們目前對於「目標」的認識與理解。我大多會收到以下這些目標陳述：

- 生活上的目標：保持身體健康、能快點買一間房、財務自由、到處去旅行、有空可以多看一點書、假日好好運動一下……。
- 工作上的目標：保持機台不要故障、專案順利完成、業績可以達成最好是超標、幫公司引進更多的人才、今年可以加薪或是被晉升……。

以上這些都是在企業裡擔任部門主管的學員，在課堂練習所寫下的個人目標。看到這些答案，你是否會覺得他們寫的跟我其實差不多啊！還是覺得這些目標看起來有點怪怪的？我常開玩笑說這些叫做夢想，不太能夠叫做目標，因為目標的基本原則就是必須要有「能見度」。希望能購買一間房子，這樣的描述其實太過空泛，如果你真的想要將它設定成一個合理的目標，你可能需要進一步去思考：是新成屋還是中古屋？要買下哪個區域的房子？希望的空間坪數是多少？打算在什麼時間點（多久之後）買下房子？當你可以將目標說得越明確，你會發現你跟目標之間將更有連結感。想像一下你身邊的兩位友人，第一位友人跟你說：我要讓自己瘦一點；第二位友人跟你說：我要讓自己在半年內瘦下五公斤。兩個人的目標都是瘦身，當你聽完他們兩位對自己的期待目標後，你覺得哪一位真正瘦下來的機率比較高呢？

彼得．杜拉克在一九五四年出版的《管理的實踐》[13]中提出了「目標管理」的概念，當中提到在目標設定的過程中，若能將目標訂定的更加明確，將可以降低失敗的風險，為此，他提出了訂定目標的五個原則：S．M．A．R．T。在我自己工作與教學的經驗裡，一提到SMART原則，大家幾乎都會回答：聽過而且熟悉的很，畢竟SMART原則在目標管理的領域裡實在是太經典且廣為流傳的一個理論。但如果請大家進一步來解釋說明SMART原則的內涵、意義及用法到底是什麼時，幾乎有九十％以上的人說不出所以然。我們也許聽過、背誦過許多著名的「管理詞彙」，卻總是留下囫圇吞棗的可惜感。

如果可以把握SMART的精髓，並加以運用在工作與管理上，你將會有一種盲目多年然後突見光明的驚喜感，你會發現眼前的道路如此筆直且清晰，而且更有動力往前邁進。你可以利用這個機會重新認識一下SMART原則，順便對照一下跟自己原先的理解有何差異。

①Specific（明確性）

所謂的明確性，指的是這個目標可以「清楚定義你在工作上應該完成的範疇與內容」。它能夠為你畫出一個具體的範圍與框架，沒有那些模擬兩可的灰色地帶。「強化服務品質」，這樣的描敘尚不夠具體明確，因為可以強化的地方與相對方案太多了，我們可以做的是將此範疇更加縮小聚焦，像是「降低客訴的比率」、「縮短客戶結帳等候時間」、「提升供應商的服務滿意度」等。目的是為了協助你將有限的精力放在關鍵核心領域，知道可以做些什麼，這同時也給予員工更清楚的工作重點，大幅降低「反正好像就是這樣、差不多就可以了」的疑慮。

② Measurable（可被衡量的）

顧名思義，一個好的目標必須具備衡量指標。「在今年結束前，我要將桃竹苗地區的物流投遞準點率，從九十八％提升到九十九％。」在這段目標描述文字裡，什麼是衡量指標呢？答案是「物流投遞準點率」，而九十九％是期待值。Specific（明確性）為我們界定了範圍與內容，而 Measurable（可被衡量的）告訴我們針對此事的度量標準是什麼。

以業務銷售或營運部門來說，我們最常聽到的衡量指標不外乎是：業績數字、陌生開發數、提案數、成交案件數、成交率、毛利率、來客數、客單價等等，以此來衡量評估我們目前的業務狀態。當然，我也很常聽到非業務職的同學說，業務單位的績效很好衡量啦！反正就是看數字啊！但我們不是業務啊，我們是幕僚單位、是作業單位、是後勤單位，很難衡量我們的績效啦！行政單位或許不像業務單位那麼好從數字下手來衡量績效，但也不是無法衡量，很多時候單純只是行政單位懶得動腦筋去思考，該如何從例行事務中找出真正的關鍵衡量指標，懶得思考所以兩手一攤，然後說我們都很努力的，只是很難衡量而已。

只要關注工作中的重要流程與關鍵成果，行政幕僚單位一樣可以找出很不錯的衡量指標，如果無法從「數量指標」下手，那麼可以從「品質、成本、時間、滿意度」等角度來思考。以下列舉一些在工作管理上，你可以參考的相關績效指標。

單位	績效指標
資訊	系統穩定度、設備妥善率、異常處理即時率、系統安全事故次數、資料庫（設備）維護率
總務	報表準點率、報表正確率、降低公共費用、公共空間滿意度、垃圾減量比率、修繕品質
財務會計	報表準點率、報表正確率、對帳出錯率、應收帳款周轉率、成本核算準確率、發票開具準確率、單據審核準確率、應收帳款壞帳率、預算完成率
供應商管理	新供應商開發數、供應商資料完善率、交貨合格率、交貨準時率、交貨錯誤率、交貨延遲率
人力資源	人事資料完整度、面試邀約成功率、報到率、職缺遞補率、訓練課程滿意度、參訓率、關鍵人才留任率、課程開發數、內部講師人數、預算執行率
法務	合約完成數、法律文件延遲次數、結案率、勝訴率、案件處理準點率、法律諮詢滿意度、主動發現或識別風險的次數、提出風險報告的次數及報告品質
行銷企劃	命中率、點擊率、觸及人數、互動次數、提升人數、預算執行率、廣告ROAs

③ Attainable（可達成）

所謂的可達成，並非設定一個可以達成的目標，而是設定一個具有「挑戰性」的目標。目標訂得太普通或輕易簡單，沒有太大的意義；但如果訂的太過高標而沒有可能達成的機會，那一開始的心態很容易就崩解了，心裡只會想著儘管我用盡洪荒之力也根本不可能達成，那還要努力什麼呢？所謂的「挑戰性目標」，指的是目標的門檻的確不低，但如果做好計畫、奮力一搏還是有很大的機會可以達成。

當然很多人會問，那挑戰性目標的標準是什麼？如何知道這樣的標準具有挑戰性？這的確沒有一個很明確的答案。參酌我過去的管理工作與授課企業提供的資訊來看，挑戰性目標的合理設定約莫落在「以前期目標為基準，往上增加一百一十%至一百二十五%的幅度空間」。因此如果你在年初收到老闆交付給你的年度目標，你睜大雙眼、難以置信地看到今年的目標比去年還更加誇張與難以理解，怎麼無緣無故又多了二十%的績效目標，或許你該平復一下複雜的心情，因為多這二十%增幅目標並非是非常無理的要求。當然，如果你願意用正向的態度來看待這個目標，這也代表著老闆對你的期許，希望你勇於接受挑戰並使命必達的完成目標。

④Relevant（相關性）

就字面上來看，很多人認為相關性指的是目標必須跟自身所負責的工作有高度的關聯，這樣的解讀並沒有錯誤，但如何確定目標與你的工作有相關性呢？這時候就必須考慮到目標的「承接性」與「關聯度」。

「承接性」指的是你的目標一定來自於主管目標的拆解與下放，而主管目標一定來自於組織目標的拆解與下放。主管能達成目標，將支持著組織目標達成，而你能達成目標，同樣也支持著主管能達成目標。這是目標設定的垂直體系，包含著往下開展與往上支持的概念，以確保彼此方向的一致性。這個概念並不難理解，但「關聯度」的部分就需要多花點腦筋來思考了。

讓我們來思考以下這個情況，你會怎麼處理？在年度目標當中的學習與成長構面，你為你的員工設定了一個「在今年年底以前，每一季須主動報名參加一堂公司所舉辦的培訓課程，並完成課程訓練」。在今年第二季時，訓練單位開辦了一堂銷售簡報技巧課程，你的員工看到了課程公告，而且對這個課程非常感興趣，所以他主動填寫了訓練申請單申請去參加這個訓練課程。當你收到這份訓練申請單時，請問你要批核同意還是不同意呢？

針對這樣的情況，大部分的主管都會同意核准申請，員工願意主動參加課程去學習，這是多麼令人開心且欣慰的事情啊！我鼓勵都來不及了，怎麼可能批示不同意呢？員工主動參加訓練進修學習固然是好事，但批示同意或是不同意，你則必須考量到「關聯度」這個因素。

如果你是業務單位的主管，收到員工的訓練申請單，立馬簽核同意讓他參加此次課程，這完完全全沒有問題；但若你是客服單位的主管，你可能就需要多加考慮這次的申請，原因便在於所謂的「關聯度」。當你直接批示不同意申請，可能會遇到員工急忙地跑來找你問道：老闆啊！你不讓我去上課，我怎麼可能達成學習與成長的目標啊！你的為難與拒絕，並非代表你不鼓勵員工多加學習，真正的重點在於這次的課程主題是銷售簡報技巧，你必須評估這個課程主題與員工達成工作目標的關聯性究竟有多高？當關聯度極低、甚至毫無關聯時，你可以讚許員工的學習動機，但不該輕易同意此次的申請。何況，組織的資源是有限的，有限的學習名額就應該留給與工作有高度關聯性的同仁。當然，若這個課程有釋出多餘的名額，那就不妨放手讓他去上課吧。

雖然「目標與工作的關聯度」如此重要，但在實務管理工作上，要確保完全做到這件事情，卻不是一件容易的事情。這當中的難度在於：

- 主管真心覺得這樣的決定實在非常為難，狠不下心拒絕員工的主動學習，總覺得應該給員工一個機會。
- 公司訓練單位根本沒有開辦跟自身單位有高度相關性的課程，造成員工連挑選課程的機會都沒有。

以上第一種狀況，主管需要重新建立管理意識。目標的設定是為了順利完成績效，並非為了做而做；也不是不管用什麼方法，只要能達成個人與團隊指標就好（不應該為了達成學習成長KPI而忽略目標關聯性）。至於第二種情況，可以針對學習與成長構面，重新設定比較符合現況的目標；另外也可以調整或修訂管理制度，像是提供員工外出受訓的機會與預算，或是主管自辦在職訓練（on-job-training）也可以計算學習分數等，避免系統殺死人（因為管理系統的關係，造成員工無法達標）的情況發生。

⑤ Time（時間）

最後一個原則為「時間」，代表在目標設定的過程中，我們必須給予一個明確的時間截止點，因此我們經常看到這樣的目標描述：在X月X日以前要完成A專案的第一版企畫書。一個清楚的期限日期（Deadline），讓我們對於目標的進程有時間感，有利於回推在每個階段應該完成的工作里程碑。在目標設定作法上，依循Time

的原則，我們最通用、最常見的作法都是為目標加上一個「期限」。但 Time 還有另外一種使用方式，那就是「頻率」，針對具有**周期性**的例行工作，我們便可以使用這個方式來設定目標。讓我們來看看目標加上頻率的使用方式：

- 公司大樓的電梯**每半年**需要保養維修一次。
- 個人電腦裡的工作檔案資料，**每個月**需上傳公用槽進行備份。
- 各部門**每一季**須完成 5S 檢核作業，並彙報檢核成果。

SMART 原則協助我們在目標設定上有清楚且聚焦的範疇，知道我們被評估衡量的那把尺是什麼、提供我們激勵前行的動機感、讓彼此之間的任務有高度關聯而不至於脫鉤，以及一個明確的時間截止點或頻率周期。重點不在於你記不記得 SMART 這五個英文單字，重要的是你應該將 SMART 原則確切地落實在工作管理上。我們不斷地增加腦袋中的管理知識，卻鮮少去加以運用實踐，那只是徒增知而不行的遺憾。

訂一個領先指標

目標促使我們交出具體的績效成果，若要更加確保績效能夠如期如質的產出，你最好具備領先指標的觀念。

在我們所設定的所有工作目標中，包含著兩大類型的指標：落後指標與領先指標。**落後指標告訴你最終成果的完成度有多少，而領先指標則可以提醒你目前完成的狀況、後續還可以做些什麼來補救甚至超標。**

落後指標的特色在於，期限時間一到、報表統計出來就知道有沒有達標，這情況就是所謂的生米已經煮成熟飯，結果已落定，就算結果不盡理想，也沒有任何可以改善的空間與機會了。我們常見的工作績效指標：業績達成率、顧客滿意度、生產良率

（或不良率）、市場占有率等等，這些全部都是屬於落後指標，評估的結果一出來，我們能做的事情就只是接受，然後往下一個階段前進。相對於落後指標的被動，領先指標的積極感將為你帶來不同的結果。

領先指標最大的特色在於「監控」，它就像是一支溫度警報計，當你發現你的體溫超過攝氏三十七．五度時，你會知道你有極大的可能將會遭遇到風險（感冒、發燒或染疫）。當你可以預知接下來的狀況可能不太妙，在風險即將發生之前，你還可以利用有限的時間趕緊做些防禦動作或稍加準備，避免情況更加惡化，領先指標就是有這麼神奇的功能。

這些年許多人都想自己創業當老闆，我們以自己開間咖啡店來做個例子，看看落後指標與領先指標的差異在哪裡。開店做生意，你一定非常在意月底結算時那個營業額的數字，因為它代表著你這個月的營收狀況，因此「月營業額」便是店面經營的落後指標。如同前面所述，這是本月的最終成果，不管結果是好還是不好，你只能全盤接受，無法改變。但你希望營收更好啊，想要改善現況卻又似乎無能為力，這時候領先指標便可以助你一臂之力。

讓我們思考一下，月營業額的公式是怎麼計算的？最簡單的計算公式便是：月營業額＝來客數×客單價。倘若你依據過往營業數據，統計出來每個月平均來店消費客人數量大約落在一千人，而客人購買咖啡的平均單價為七十五元，那你的平均月營業額便會是七萬五千元。如果七萬五千元是你可以接受並還算滿意的數字，你將這個金額訂為每個月的營業目標算是很合理的數字。在這個公式當中，月營業額是落後指標，而**「來客數」與「客單價」便是領先指標**。

目前這個月已經來到月中的十五號，當天結束營業後，你看了一下這上半個月以來的營運數據，報表告訴你截至目前為止，本月的客單價為八十元，來客數累計為三百人，這兩個數據傳達了某些訊息給你，不知道你是否發現了什麼呢？客單價為八十元，這沒有太大的問題，甚至還比以往平均客單價高出五元；但來客數三百人，這是否有些不太符合預期呢？依照過往每個月來客數一千人來看，過了半個月的時間，按正常規律來說來客數應該要有五百人，但現今三百人明顯少了四十%的來客數，這可是一個挺嚴重的落差。這也意味著，如果照這樣的情勢繼續發展下去，這個月的營業目標有很大的機率是無法達成了。

儘管你憂心著這個月的營業收入會很糟糕，但先不要過於緊張，因為這個月才過了一半，你還有至少還有半個月的時間可以想辦法來補救這個可能的危機，不是嗎？相信你已經看到領先指標的作用了，領先指標具有警示的作用，它清楚地告訴你就目前的情況來看，達成目標的可能性有多高；它讓你有機會可以掌控與調整現況，使最終結果有所改變。下次你經過家裡附近的商家，特別是每個月的第三、四週時，如果看到「三人同行，第四人免費」、「買二送一」、「第二杯半價」這些宣傳時，請務必想起領先指標給你的學習。

在我們的工作目標中，落後指標約莫占了九十%以上的比例，原因在於，落後指標非常容易設定，從結果往回推算設定並不是太難的事情，而且公司前輩們通常都幫我們設計好了，照著用也沒太大問題，完全不需要再花腦筋去思考應該設定什麼指標。**相較於落後指標關注在「結果」，領先指標的設計則是關注在「過程」**，因此它需要你花些功夫來重新檢視工作流程，並從中找出影響工作成效的關鍵點。這是一件頗耗心力的事情，也的確讓大多數的管理者避而遠之，心想反正還有落後指標可以加減使用。但為了更有效地達成績效，花點時間來思考領先指標到底是哪些，對你來說將是投資報酬率非常高的一件工作。因此，如果你過去總是追求著業績達成率、顧客滿意度、生產良率（或不良率）、市場占有率這些落後指標，現在可以開始思考如何為現在的工作設計一些領先指標，為自己的目標推動設置一些即時警示器。

綜合以上的說明，在此將這兩個類型指標對於我們管理工作的影響，做以下簡單的結論。

落後指標與領先指標

項目	落後指標	領先指標
業務銷售	營業額、成交量	拜訪數、提案數、陌生開發數
客戶服務	顧客滿意度	回覆即時性、顧客等候時間
生產製造	良率、停機次數	作業規範、機台保養頻率
減肥	瘦下幾公斤	運動次數與頻率、熱量攝取

- 領先指標若沒有達成，落後指標就一定不會達成。
- 在努力達標的過程中，會努力的那些事（過程）才是領先指標，要努力找出其中影響成果最大、最顯著的關鍵。
- 在一件事情發生前的早期徵狀，掌握領先指標可以讓我們對落後指標的可能結果有所預期，並及早因應。
- 「成果如何」看落後指標，「管理的重點」看領先指標。
- 「組織高層」對落後指標負責，「組織基層」對領先指標負責。

找出真正的問題點

想要進行有效打擊並交付出具體的績效成果，在確立好目標方向之後，你將會開始推展許多的工作項目、透過自我管理與管理團隊來達成設定的目標，我們期盼這個過程能夠一帆風順地抵達目的地，但實際上能平順通關的機率實在是不算太高。你一定會遇到一些挑戰、資源不到位，或是溝通協調方面的問題，為了讓一切事情能夠有效進展，因此你必須具備有效解決問題的能力。

為了讓你具備解決問題的能力，公司通常會為你安排一堂訓練課程，叫做「問題分析與解決」，在這類課程學習的過程中，你可以學習到許多協助你處理問題的工具，像是：8D手法、KJ法、KT法、要因分析法（魚骨圖）、PERT計畫評核術、MECE（相互獨立，完全窮盡）等等，但再多的工具似乎也無法有效解決你現在在工作上面臨的許多問題。這並非說這些工具不好，這些工具與手法能流傳至今當然有一定的價值，重點在於，在你每天忙碌的工作步調中，並沒有太多充裕的時間來慢慢操作這些工具。

我曾經遇過一位主管跟我說：老師，我進到公司已經十年了，人力資源單位安排的問題分析與解決課程，我也都已經上過兩次了，為什麼現在老闆還要我去上這門課呢？再去上這第三次的課程，難道我就會破繭而出、打通任督二脈嗎？我看著眼前略帶沮喪的面孔，只是輕聲告訴他：問題分析與解決的知識與能力，其實你一直都具備著，差別應該在於，你解決問題的速度沒有快到符合老闆的期望。

我們從小就具備著問題解決的能力，走在路上摔跤了，我們可能會大哭，可能自己趕緊找些藥品來消毒傷口，就算是哭，這也是一種解決方式，至少能招喚父母長輩來替我們處理傷口或是獲得心理上的安慰。因此，面對工作狀況的發生，我們能夠解決的方法一直都有，重點在於我們用何種思維來看待問題、用何種態度來面對問題。

看待問題的層次

關於「問題」這個議題，分類的方式有很多種，像是：顯性問題（挑戰）與隱性問題（風險）、等待解決的問題與已經解決的問題、應該立即處理的問題與可以暫緩處理的問題、或是無需處理的問題。這裡暫且撇開處理問題的技術層面，因為在真正下手處理問題之前，還有一件更重要的事情，那就是看待問題的角度與思維。這樣的思維可以分為三個層次，分別是：第一層的「症狀解」、第二層的「原因解」，以及第三層的「根本解」。讓我們來做兩個簡單的思考練習。

- 問題一：你突然感到劇烈的頭痛，而且這樣的痛感已經持續了一個小時，請問你接下來的作法會是什麼？
- 問題二：今天下班騎機車回家的途中，兩個輪胎突然完全消氣，導致你無法再繼續騎行下去，你的處理方式是什麼？

①第一層次：症狀解

以下應該是大多數人的處理方式：

● 問題一：持續劇烈頭痛
- 處理方式：趕緊吃一顆止痛藥，看看會不會好一點。
- 後續動作：過了半小時，頭已經不痛了，搞定！

● 問題二：機車輪胎消氣無法行駛
- 處理方式：尋找距離最近的機車行，請師傅檢查一下，確認並不是因為破胎的原因，於是把輪胎充滿氣，然後騎車回家。
- 後續動作：輪胎恢復正常，搞定！

這樣的處理方式非常直覺，很正常也非常合理，並沒有什麼不妥當的地方。畢竟大家都很忙碌，如果能在有限的時間裡處理掉眼前的問題，那就這麼幹吧。吞了止痛藥就不再頭痛了，輪胎打氣完也順利騎車回家了，所謂的問題到此為止，然後繼續忙碌的工作與生活。只要這些情況不會再次發生，我們就不會再花心思去探究這些問題，因為覺得沒必要啊！問題都已經獲得了完美的解決，這是多麼令人開心的一件事情，再去深究到底為什麼會這樣，就太過杞人憂天了吧。這是我們非常習以為常處理問題的方式，我稱之為「症狀解」，也就是我們俗稱的「治標」。

在我們忙碌的工作中，有著太多的任務目標與瑣碎事項需要處理，實在沒有太多的時間與心力還特別去探究什麼，因此「症狀解」是我們最常見的問題思維。**當「症狀解」可以順利處理掉問題，我們就不會再去探究「為什麼會發生」，正因為不再深入探究，那就必須承擔一個風險，那就是問題復發。**一旦問題再次發生，我們才會重新好好思考到底是哪裡出現了問題，然後願意採取不一樣的方式來因應。

②第二層次：原因解

過了一週，你發現頭痛又開始了；過了一個月，你的機車輪胎又消氣了。你開始意識到這狀況背後似乎有些貓膩，因此你處理的方式可能會是：

- 問題一：持續劇烈頭痛
  - 處理方式：選擇到診所讓醫生檢查一下，醫生說明可能的原因是因為你的眼睛使用過度，導致眼壓太高了，提醒你應該要讓眼睛多休息，並給了你一瓶眼藥水回家按時使用。
  - 後續動作：你告訴自己要減少滑手機跟追劇的時間，並且乖乖聽醫生的指示按時點眼藥水。你的頭痛症狀獲得大幅的改善，搞定！
- 問題二：輪胎再次消氣
  - 處理方式：機車行的師傅這次發現，你的輪框有部分變形凹陷了，造成輪胎與輪框之間有縫隙，導致輪胎會持續緩慢地漏出氣體。
  - 後續動作：你低身仔細看了一下輪框，還真的有些變形了，便聽從師傅的建議更換新的輪框。接下來幾天，你還刻意觀察一下輪胎是不是還有消氣的狀況，發現一切正常，搞定！

面對問題的復發，我們面對問題的思維會從原先的「症狀解」，進階到第二層的「原因解」。因為我們發現光是處理表面上看到的症狀，並不能讓我們擺脫問題的糾纏，這將促使我們想要進一步去探究，問題背後潛在的因素到底是什麼。當我們發現似乎找到了導致問題的成因之後，一如「症狀解」之後的心態，我們又覺得安心了，因為這次已經找到了真正的原因，也針對問題成因安排了相關的應對方案，這一切都在自己的掌握之中，無須再操心了。這就算是所謂的「治本」嗎？那可不一定。

在工作的管理上，能夠且願意針對工作問題做到「原因解」，其實已經難能可貴了，畢竟它需要你花費多一點的心思、甚至動用一些資源來加以分析與判斷，從「原因解」出發而建立起的問題防護牆，也的確可以為你消除掉九十八％以上的問題再次發生。**相對於「症狀解」，身為管理者的你至少必須能夠做到「原因解」，否則一再重複發生的管理狀況將使你精疲力竭。**

③第三層次：根本解

做到「原因解」這個程度，已經可以幫我們處理掉九十八％以上的問題，剩下二％的復發機率雖然很低很低，但若不幸又再次發生，代表之前的處理方式並非萬無一失，這又將促使我們再重新看待問題，這就是第三層「根本解」思維，也就是所謂的「治本」。但要找出問題的根本解，是非常困難的一件事，它需要你願意轉換思維、有更高的敏感度、甚至是運氣好。正因為如此，你應該理解為什麼公司或是部門不把問題真正完美地解決掉，不是不願意，而是「根本解」的成本太高了，完美可是需要付出高昂的代價。

● 問題一：持續劇烈頭痛

▪ 處理方式：在一次公司安排的年度健檢活動中，健檢報告顯示你有輕微糖尿病的症狀，而糖尿病會引發異常的新生血管增生，而這將導致眼壓過高的情形，而眼壓過高將會引發一些併發症，像是頭痛、眼窩疼痛等。

▪後續動作：你的確發現這一年來，眼睛的確有一些不舒服的狀況，原來這些都來自於自己已經有糖尿病的狀況。你決心開始戒除以前每天一定要喝一杯珍珠奶茶的習慣，並保持均衡健康的飲食。

● 問題二：輪胎再次消氣

▪處理方式：你發現這一年來已經更換了三次輪框，心裡納悶著：輪框這麼硬怎麼可能那麼容易就凹陷呢？莫非是經常撞擊到什麼東西嗎？突然想起家裡附近的捷運施工已經三年多了，每次騎車經過都要碰撞一堆坑洞的路面，閃也閃不了，自己有時候都被震到有點受不了。

▪後續動作：想說那來調整一下每天上下班的騎行路線，雖然會多花幾分鐘，但至少都是平坦路面。後來驚奇地發現到，輪胎消氣的情況竟然不再發生了。

當我們有機會也願意往下繼續探究找到根本解時，我們通常會是驚訝萬分的，因為根本解的答案跟我們的預期想像實在是相差太遠了，幾乎不在我們所能理解的認知範圍裡。有很大的原因來自於我們已經被習慣給制約了，就像愛因斯坦說過的一句話：當我們用相同的方法，卻期待有不同的結果，那只是癡人說夢。

回頭想想你在管理工作上曾遭遇過的難題，像是：新人報到後總是待不滿三個月就離職了、某員工總是丟三落四的湊不齊完整的資料、業績數字總是呈現大起大落的不穩定狀態、用餐客人總是抱怨為什麼先點餐卻是後上菜，面對這些狀況，你的處理思維是「症狀解」、「原因解」、還是「根本解」呢？當你跳脫習慣的「症狀解」思維後，或許你會發現以上這些問題，真正根本的原因並不在「人」，而在於「系統」。

著手於真正的問題

建立起正確的問題思維，讓你可以根據現況去選擇當下最好的處理方式，而處理問題最重要的第一步，就是找出真正的問題，因為找對問題，問題就已經解決了一半。管理大師彼得．杜拉克曾說：「最嚴重的錯誤，並非提出錯誤的答案，而是針對錯誤的問題作答。最危險的事情，就是提出錯誤的問題。」

戴明博士（William Deming）曾提出一套著名的工作管理流程：ＰＤＣＡ。訂定好計畫（Plan），然後依據方案執行（Do），在執行的過程中需要定期或不定期的進行檢核計畫是否如期如質的進行（Check），倘若發現了績效有發生落差（Gap）的情況，應立即進行修正與改善（Act），以獲得最後成功的結果。在看完這一段工作管理流程的描述後，請思考以下兩個問題：

第一，這個流程中，會產生我們需要出手處理的「問題點」在哪個步驟？

第二，我們如何知道已經發生「問題」了？

第一題的答案顯而易見，就是績效有發生落差（Gap）的情況，而這個落差便是「問題」的所在，就是我們管理者需要面對及處理的挑戰與棘手難題。至於第二題，那我們是從何得知產生落差了？從何得知工作狀態發生問題了？

當現況與績效指標（ＫＰＩ）或標準作業流程（ＳＯＰ）產生差距時，這就是「問題」。

①指標落差

當完成率的目標值是一百%，而現況達成率是九十%，這當中產生了十%的差距，身為管理者的你，自然明白這是你應該立即處理的問題。你會開始探究原因是什麼？思考是不是哪個環節沒有做到位？然後絞盡腦汁地提出方案，試圖改善與彌補落差，在我們的管理工作上，這就是績效改善作業環節。與ＫＰＩ的落差問題，我們很容易發覺其存在，因為數字會說話，數據化的資料會告訴你應該針對哪些部分進行改善。

②流程落差

但與ＳＯＰ的落差問題，我們通常很難自己發現到，因為不遵循ＳＯＰ的通常就是我們自己，何況，我們怎麼會大方承認問題點就是自己呢？除非是發生重大事件，或是被稽核單位查檢到我們未依ＳＯＰ作業，有引發風險的機率，否則這類型的落差問題，通常很難被發現並獲得完善的解決。雖然此部分的問題有點隱晦難查，但一旦疏忽，通常會引發極嚴重的後果，這也就是稽核單位為何如此嚴厲的關係，儘管你不是非常喜歡他們。

SOP作業造成的落差問題，之所以如此難以發覺，完全來自於便宜行事。想像一下在你所屬的部門裡，有一項作業的標準流程共計有八個步驟，部門裡的任何人只要執行這項作業，依規定就必須遵循這八個步驟，以確保相關品質的產出與穩定。當初我們經過審慎評估，認為這八個步驟有其必要性與重要性，因此訂定出相關規範與流程，並提醒大家應該以此為遵循要點。面對標準作業流程，我們當然是認真看待，並且遵照規範一步一步地走。但經過了一段時間的操作，我們可能會發現若是跳過第三步驟，對一切似乎並沒有太大的影響，不僅同樣可以完成任務，而且還可以減少不少的工作時間。接下來，「跳過第三步驟的標準作業流程，就會變成你認為的標準作業流程」，甚至在你往後教導新進同仁學習該項作業時，你也相當習慣地教授七個步驟，而將所謂的第三步驟給自動省略了。然後令人匪夷所思的情況就發生了，部門中的夥伴有人學了八個步驟，也有人只學了七個步驟，相同的地方只是：我們都覺得那就是標準作業流程。

這被遺忘的第三步驟，我們不知道它何時會突然衝出來咬你一口，好讓我們深刻理解到它必須存在的重要性。小事件或許是發生了客戶抱怨、損失幾筆訂單，或是廠區內發生器具與車輛輕微碰撞事故；至於大事件我們幾乎無法想像會有多大的災難，但事實證明，它不僅可能危害到企業聲譽、甚至造成人員嚴重傷亡的不幸事件。

二〇二一年四月二日的「北迴線太魯閣號列車出軌事故」，是台鐵近六十年來最嚴重的意外，造成四十九人死亡、二百一十三人輕重傷。直至二〇二二年五月，國家運輸安全調查委員會公布了五大事故原因，我們且看第一項事故說明即可。[14]

事故當日，施工廠商東新營造工地主任帶領移工於連假停工期間違規進入工地堆置廢輪胎，隨後駕駛大貨車離開西正線明隧道上方平台，於左轉經東正線上方的施工便道斜坡向下行駛過程中，未適當匹配離合器與油門操控量，造成大貨車熄火，且因電瓶電量流失及蓄電效能不佳，無法再次發動，大貨車遂停止於施工便道斜坡上。

歸咎原因，整起事件的關鍵點就是「連假停工期間違規進入工地施工」，導致後面一連串意外事故的發生，最終以悲劇收場。難道沒有標準作業流程加以規範嗎？當然是有的。面對標準規範卻以輕忽的態度來對應，那就是拿運氣跟老天爺賭一把了。

臺鐵局於二〇二〇年十一月二十四日以行車電報要求各單位於二〇二一年度之連續假期疏運期間停止施工。台鐵於三月三十一日以LINE群組方式再次通知東新營造，自四月一日十二時〇分起至四月六日十二時〇分止之清明連假期間停止施工，並於四月一日共同派員進行停工前之工三區安全維護複查，將檢查結果上傳LINE群組。

標準作業規範是「清明連假期間停止施工」，東新營造的漠視造成不可回復的結果，因這一切而付出的代價實在是太大了。或許你覺得公司現行的標準作業流程實在太過繁瑣，但其繁瑣背後一定存在必要的原因，倘若真的不合時宜，你可以經由內部流程改善的方式來重新檢討是否有可以更加精簡的空間。擅自簡化作業流程，你將只是成為問題的製造者。

對於「找出真正的問題點」，我們從來不缺乏解決問題的方法，關鍵在於我們如何看待問題這件事情。當你願意嘗試多用不同的角度來看待問題，你過往所學習到的問題解決技巧與工具，才有機會適時地派上用場。記住兩個關鍵思維：（1）從症狀解的習慣進一步培養起原因解的習慣，若行有餘力往根本解邁進；（2）問題的發生除了來自與績效指標的落差，更要多加留意與標準作業流程落差所產生的問題。

擊球改善計畫

在「Achievement：進行有效打擊」中，第一個步驟是「訂定清楚明確的策略與目標」，管理者需確認前進的方向與目的地，並依此展開相關的工作任務與計畫。而在戮力前行的過程中，勢必會碰到挑戰與困難，面對複雜的狀況時，我們需有綜看全局的視野，並從中挑選出最重要、最關鍵應該處理的議題，這便是第二步驟「找出真正的問題點」。為了確保日常的工作運作一切順暢，避免因為一時疏忽而造成績效落差逐漸擴大，這時候你需要進行第三個步驟：「擊球改善計畫」。

當你處於擊球狀況不佳的低潮狀態，你的打擊教練將會現身協助你進行改善。他通常會根據你這幾個月以來的打擊狀況，為你設定一個可以改善的目標，可能是降低揮空率、提升長打率，也可能是提高短打觸擊的成功率。接下來打擊教練會給你一些練習方案，像是：揮棒時的擺幅延伸、掌握延遲出棒的時機點、軸心腳重心的調整等，打擊教練會關注你每次練習時的狀況，當你做的不錯時給你肯定，當你壞習慣復發時給你提醒，直到將你調整到最佳狀態，接下來就看你實際上場表現了。這個改善計畫是一個循環，談到這裡，你需要認識一下績效管理循環這個模型。

改善的循環

在前面我們提到，績效管理是一個「循環系統」、而且是一個持續性的過程。這個系統運作的持續過程，一共包含了三大階段：分別是（期初）績效目標設定、（期中）追蹤與回饋，

績效管理循環

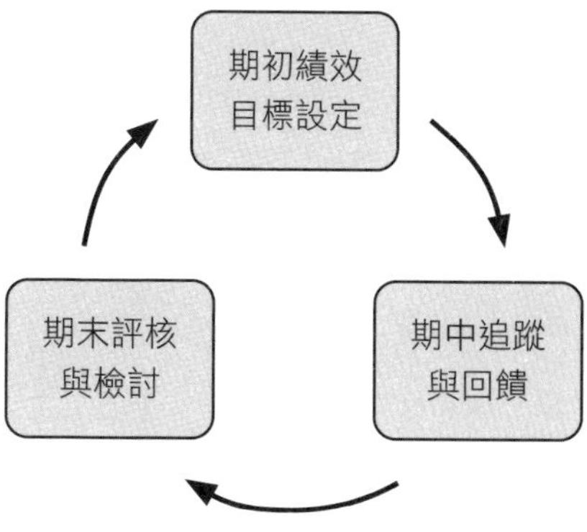

以及（期末）評核與檢討。這三個階段接續不斷地運作，讓績效管理維持在一個不斷往前的動態循環系統，並著眼於未來的發展。

期初績效目標設定，**依據職務的工作職責來訂定應完成的目標**，因此，身為管理者的你，了解並熟悉自己的職務說明書是你的必要工作，如果你是團隊的管理者，每一位員工的職務說明書你更應該瞭若指掌。你不該跟部屬說：反正你在這個部門，你就是做這些事情，所以你的目標就是這些。如果你不清楚自己與部門當中到底有哪些職務說明書，那趕緊找人力資源單位協助吧！

期中追蹤與回饋，這是管理者的日常管理工作，也是績效管理循環當中最重要的一個環節。平時就做好工作進度追蹤與關心員工的發展狀況，適時地給予重點建議與回饋，一有偏差就立即進行修正與調整，做好這個環節，將可以大幅降低你的管理能量消耗。正所謂平日有燒香，遇到危難就不用急著抱佛腳。

而期末評核與檢討，算是整個年度（也可能是半年、或是季度）的總體檢，針對過去那段時間的整體表現進行評核動作，如有未盡完善之處，便進行問題檢討與提出改善方案。如果期中追蹤與回饋這個動作做到位，其實評核與檢討是一件非常小的工程，甚至這個階段只是一個整合與收斂的動作而已。許多團隊管理者每到第四季就開始異常焦慮，這原因往往來自於：認為評核與檢討作業是一件年度大工程，非常耗時且令人心力交瘁。這其實是一個很不健康的狀態，也代表沒有掌握到績效管理循環的關鍵點。想像一下你要清理庫房的情景，你是每天都清理一點比較輕鬆，還是一年清理一次比較輕鬆呢？

日常修正作業

將改善的精神融入到你每一天的管理工作，讓修正成為日常習慣，你便會發現不管是管理自己或是管裡員工的績效，其實並沒有想像中的困難。有效的日常績效管理工作，你只需要掌握三個重點即可，那就是：

1. 我（團隊、員工）是否朝正確的方向前進？
2. 如果不是，那現在的差距有多少？
3. 我（團隊、員工）可以做些什麼動作，來矯正目前方向的偏差？

放在團隊管理上，這就是管理工作上的「校準工作」，隨時保持校準的習慣，就可以讓團隊行駛在正確的道路上。要做好校準這個動作，管理者可以有三種方式來進行操作，分別是：蒐集員工的績效表現、找出掌握工作狀況的方法，以及設立控制點。

①蒐集員工的績效表現

蒐集，意味著你需要進行**觀察**與**記錄**的動作，觀察員工在日常工作上的具體表現，這包括了：專業知識的深度與廣度含金量是否足夠、技巧運用的熟練程度為何、態度與動機企圖是否有所偏差等，以上這些將會影響績效產出與成果，像是完成的工作量多寡、正確率或失誤率的高低、交期是準時還是延後、工作品質是良好還是需要改進。除了這些日常觀察，你還必須加以**重點紀錄**，能夠記錄下明確的時間、地點與具體事情的細節，將能大幅提升你跟部屬之間的溝通品質，儘量不要試圖證明自己的記憶能力有多麼強大，因為它通常會讓你以失望收場，請相信**適時記錄**的優點遠遠大於記憶力。除了蒐集績效表現與成果，你還可以蒐集其他工作夥伴（同儕）對於員工的互動感受與觀點，這將可以協助你獲得更全面的評估資訊。

②找出掌握工作狀況的方法

在日常工作管理中，為了了解實際的工作狀況，我們最常使用的兩種方式分別為「書面報告」與「口頭報告」。

書面報告的形式可以是日報表、週報表、月報表、相關管理報表、專案報告書、工作進度表、客觀數字統計、E-mail 等。

口頭報告的形式則有例行工作報告、會議上的提問跟催、實際現場查核、協同工作，以及他人的反映。

要特別注意的是，在書面報告的部分，請**慎選一、兩種的報告形式**即可，如果可以用上最簡便的格式或表單，那真可算是大善事一件。過多的報表作業只會讓你的員工陷入文書地獄，請記得，他最重要的工作職責絕對不是寫報表；你也不見得有那麼充裕的時間可以全部看完。就算你是工作狂熱份子，可以猛喝咖啡凌晨熬夜看報表，不代表其他人也想跟你一樣熱衷狂熱。我看過太多為了報表而報表的單位，也看過太多人每天都要花上一個小時填寫當天的工作日誌，這真的是非常失能的一件事情。報表的目的在於了解現況，千萬別讓報表作業造成工作上的失焦與盲目。

③設立控制點

在繁忙的管理工作中，我們雖然關切員工的工作進度與產出，但我們畢竟不是二十四小時的貼身管家，無法做到隨時監控的地步；就算你真的可以扮演稱職的貼身管家，到最後先累垮的是你自己。我們當然同意細節管理的確有其效用，但若能找出適合且恰當的任務管控點，你將能夠脫離勞力密集的深坑，並有效地將管理能量發揮在刀口上。一般而言，工作任務的流程與進度的控制點，通常會選擇設置在這些關鍵點。這也意味著當你閱讀書面報告時，如果時間有限，那就選擇只看這些地方就可以了。

- 重要且具有關鍵影響的地方。
- 容易或經常出錯的地方。
- 員工尚不熟悉的地方。
- 作業容易疏忽遺漏的地方。
- 需要整體配合協作的地方。

如何進行追蹤

如前所言，工作跟催與改善的管理力道拿捏，對於管理者並不是一件容易的事情。我們不妨靜下心來思考一下，管理力道的過與不及，對於員工個人乃至整個團隊，到底會造成什麼樣的影響？

當你施力太過，如同籃球場上施行緊迫盯人的戰術，員工將會感受到極大的壓迫感，然後逐漸累積不滿與抱怨的情緒。一旦有所疏失或犯錯，員工為了避免嚴厲的指責與批判，極力掩飾錯誤的行為將會發生，你將面對的是不願說出真話、甚至陽奉陰違的個人與團隊。這種打壓式的管理方式，容易造成團隊逐漸失去積極性、創新性與自主性，你也將會被貼上不夠信任員工，不願意放手給員工發揮的舞台與空間的獨裁標籤。

那索性開放一些好了，完全相信員工的自發性與企圖心，深信就算沒有你的監督，員工也會全心全意地投入、並使命必達的將工作在期限內順利完成。這樣的理想境界當然有機率發生，只是通常比中樂透的機率還要低。一旦你完全放手而毫無管制追蹤，有可能面臨的情況是：工作產生延遲、效率低落不彰、員工態度散漫與懈怠、經常便宜行事交差，甚至可能嚴重到目無法紀，或因此發生意外事故。

任務追蹤的力道與分寸拿捏，除了要考量工作本身的困難度與複雜度外，另一個關鍵點便是員工目前的成熟度，所謂的成熟度包含了工作能力指數與成就動機指數，綜合考量員工的成熟度之後，在日常管理工作上，便可以依以下的頻率來進行工作追蹤。

以上是提供給你的參考標準，但追蹤頻率的適切性還是要看當時的狀況而定，適時的工作追蹤與

工作追蹤的頻度

成熟度　低 ←··················→ 高

任命完後隨即追蹤	每日追蹤一次	每週追蹤一次	每月追蹤一次	每季追蹤一次	每半年追蹤一次

追蹤頻率　高 ←··················→ 低

修正調整，除了有助於工作的推展，也讓你可以同時進行工作上的教導與輔導，讓員工在工作技巧上更加熟練與精進，在態度與心理素質上更加正向與健康，進而有效地推動組織發展。要牢記的一點是：只要你一發現有所不對勁（進度落後、行為偏差等），**就應該要及時修正方向，而不是等到年底！**

第四章

Relation：塑造正面關係

要塑造正面關係的溝通，是需要大量成本的，
而且這個成本之高往往超乎你的想像。

就算你是球場上的曠世奇才，擁有像是大谷翔平一樣犀利的雙刀流技巧，如果你選擇當一位孤傲獨行的球員，那麼球場終究不是你能待的地方。或許你會認為，站上打擊區的就是我這麼一個人，我的本分就是好好攻擊上壘包，因為也不可能同時兩個人站上打擊區啊！話是這麼說沒有錯，但光是你能站上打擊區這件事情，就已經跟很多人有所關聯了。

- 經紀人：他發現了你優異的才能與發展潛力，把你推薦給每一個球團，並為你談到一個好價錢。
- 球隊領隊：他看到你能為球隊帶來一定程度的貢獻，在眾多的候選球員當中，最後決定把你簽約入隊。
- 總教練：他會依據你的能力將你安排在最適當的攻擊棒次與防守位置，讓你做出最好的表現，重點是，至少他願意讓你上場。

- 打擊教練：他詳細閱讀你過去在打擊表現上的每一份資料，仔細觀察你每一次的擊球動作，然後建議你在某些小細節上可以做些調整。
- 一、三壘指導教練：當你心神全部專注在投手身上時，他會依據當時的戰況給你一點回饋。當你腦充血狂揮大棒時，他會用手勢提醒你穩健一點、仔細選球再出棒。
- 隊友：這些跟你一起站上球場的夥伴，你們需要隨時分享今日對戰投手的投球策略，需要隨時提醒彼此針對某個球員的防守站位，勝利時一起慶祝，失敗時互相勉勵。

除了以上這些人，攸關你在球場上是否能夠大鳴大放，其實還有很多其他的人物，營養師、復健師、巴士駕駛、隨隊翻譯、球具供應商等，當然，還有瘋狂支持你的球迷粉絲。你跟他們是否能夠維持正向的關係，將會大幅影響你在球場上的表現。

管理者的困境

- 主管要我將列印手冊的預算書送給管理部陳經理簽核，陳經理看了一眼便說：這超出預算了，你們也不需要印製這麼多的手冊，回去請你們老闆下修預算後再送過來。當我回來跟主管報告需要下修預算時，主管很不爽地說：我們需要的手冊數量就是這麼多，他是為了反對而反對嗎？你去跟陳經理說，我們就是需要印製這麼多的份量……。我一直都知道我的主管跟管理部的陳經理很不對盤，我也很少看到他們兩個人有什麼熱烈的互動，今天發生這件鳥事，我更加確定他們彼此之間的感情真的很不好。
- 每次面對主管時，我總是非常的緊張，畢竟他給我的感覺太有距離感了。今天早上晨會輪到我進行本週的工作報告，當我看到主管坐在那邊表情嚴肅地看著我，昨晚辛苦練習準備的內容居然全部忘光光，主管問個問題我就開始結巴起來。我的天啊！我真的不知道該怎麼面對主管。

● 部屬 Betty 最近挺怪異的，不僅出勤狀況非常不正常，甚至會在團隊中散播一些錯誤的資訊，搞的團隊人心惶惶。我私下對她善意的提醒、並告誡她這樣的作法並不妥當，Betty 卻告訴我：主管啊！其實部門裡面最該被處理的人不是我啊！

● 因應疫情而來的企業紓困方案，我與財務部門 F 主管共同負責把紓困款項申請下來，我已經把員工清冊等相關資料準備好了，就等 F 主管提供給我公司這兩年營業額落差對照表，好讓我登入紓困網站填妥所有的相關資訊以利審核後撥款。眼看申請期限就已經快要到了，我提醒 F 主管要加快作業速度，卻只得到「資料好了就會給你啦！」的答案，我在心裡翻了一個大白眼，你不給我資料是要怎麼申請？老闆問及這件事情的進度，我只能把現況如實跟老闆加以說明，畢竟我不是那種會隱瞞資訊、報喜不報憂、推卸責任的人，何況讓老闆知道實際狀況也是我的責任啊！沒想到老闆只是極度不爽地跟我說：你們兩個不能好好協調嗎？難道這種小事還要我親自出來處理嗎？你們是嫌我的事情不夠多嗎？你們兩個都是部門主管欸，這點事情都不能處理好？

- 我只是對工作的要求稍微嚴厲一些，我知道心腸太軟對部屬的成長不會有任何的好處，何況這些要求在公司制度規範、流程作業管理上其實都有清楚地說明相關標準，我只是照章行事、避免疏失與風險的發生，但部屬為什麼還要說我不近人情、超級難相處？

Achievement：進行有效打擊，協助你在管理工作上把目標與行動計畫梳理清楚，並如期如質地產出工作成果。在這個部分，你可以透過制度、規範、辦法、標準作業流程等方式與工具來加以控管，確保過程中不會出任何的差錯。對於管理者而言，工作任務的安排、明訂計畫與標準、掌握進度並適時調整、進行成果改善計畫等，都不算是太困難的事情，因為這些都在一定的框架裡運作，有相關的表單可以協助你操作、有相關的制度與流程告訴你下一步該做些什麼，照著做通常能夠達到一定的水準，也不太會犯太大的錯誤。相對於目標與計畫，我們比較困擾的地方在於，這些工作與任務除了部分是我們單槍匹馬蠻幹就可以完成外，其他大多需要集合工作夥伴眾人的力量才有辦法完成任務。當一群人聚在一起時，如同《笑傲江湖》裡頭的一句名言：只要有人的地方就有恩怨，有恩怨就會有江湖，人就是江湖。在職場上很多時候，好好認真地工作並不難，難就難在人際關係維持與處理的這道坎上。如何跟工作上的夥伴維持友好、甚至能夠彼此理解與體諒，這些互動關係的良窳，對於工作成敗的影響，往往大於結構縝密的計畫。

為了保有順暢的組織關係，這往往需要仰賴良好的溝通能力。但溝通這件事情很有意思，這或許是我們從一出生就開始學習並練習的一件事情，從你哇哇落地哭喊出第一聲開始，你就開始了與這個世界有了連結，並且不斷進行著大量的互動與溝通。隨著年紀的逐漸增長，我們這一路上與父母、師長、同學、朋友們反覆練習琢磨著這個能力與技巧，依照這學習的進程與經驗累積來看，我們對於溝通這件事情，理應是練習的非常有心得、甚至相關技巧熟練到可以舉一反三才對。但詭異的是，為什麼當我們一進入到職場這個環境，我們面對著每天相處時間多到不行的老闆、主管、同儕與員工們，這熟悉的能力就似乎退化到我們無法想像的地步呢？是職場環境非常的詭譎多變且複雜惱人嗎？是職場周遭的這些人都不再是那麼單純且真心嗎？還是我們的溝通能力真的發展有限，尚有很多可以再精進的地方與空間？

企業組織的首要任務，在於創造績效並交付成果，對社會、客戶、股東及員工負責，沒有這些輝煌的績效成果，遑論去談日常的營業運作、乃至於永續經營的追求。正因為如此，我們必須想方設法運用有限的資源（人力、時間、資金等）創造出最大的利潤，因此講求「效率」便成了組織運作一個很重要的核心思維。投入與產出的計算、最佳化與最大化等議題，一直環繞在我們的工作環境裡，快速行動與反應成了我們工作的標準動作，立即有效與瞬間能夠有所產出變成了我們最關注的成果。然而，也正是因為「效率」這個因素，它大大影響了組織溝通這件事情。為了能夠有效改善這個狀況，Relation：塑造正面關係，將告訴你三個方法來解決組織溝通上面臨的窘境，它們分別是：開啟有效對話、靠近你的教練，以及隨時激勵自己與夥伴。

開啟有效對話

我們身處在同一間公司，甚至是同一個工作團隊，彼此之間的工作任務關係如此緊密連結，理所當然地認為既然是同一個團隊，那就是自己人，很多想法與事情應該是很好溝通的。真的遇到溝通不順暢的時候，走幾個樓層到工作夥伴的位置邊閒聊一下，或是找間會議室安排一場簡單又快速的會議，相關的問題應該都可以迎刃而解。但是，為了追求管理效率而進行的組織設計與任務配置，讓組織成員在溝通這個環節上，在還沒開始進行溝通前就會遭遇到先天不良的障礙，這樣的障礙主要來自於「階層差別」與「功能差別」。

階層視角的差異

經營層、主管群與一般員工看待事情的角度，通常存在極大的差異。想像組織裡所有的人員全部待在 101 大樓裡面，經營層的位置在最高樓層一百零一樓，主管群的位置在六十樓，而一般員工的位置在十樓，當我們往同一個方向望去，雖然方向是一致的，但眼前所看到的風景卻是完全不同。當經營層說：大家接下來一起往南邊走，只要我們同心協力、不輕言放棄，我們將可以到達玉山的頂峰，一覽台灣的美景風貌。但對於身處十樓的一般員工來說，我只看的到陽明山，我並不知道你所謂的玉山到底在哪裡。經營層的焦點專注在策略方向與長期發展，而一般員工的工作焦點則在作業層面與落實執行，正因為「階層差別」造成了組織位階的差距，回想一下你是否曾經聽過這些話：你怎麼不從處長的角度來看待這件事情呢？你應該把自己的視野格局提高兩個位階來看這個專案啊！你們都不知道我這麼安排是有重要的考量啊！等你到了我這個位置，你就知道有多難下決定了！進行一場良好的溝通已經不是一件簡單的事情了，我們無意在過程中還添加麻煩來增加自己無謂的困擾。但企業組織的運作結構設計，讓「階層差別」因素自然浮上檯面，無形的影響我們彼此間的工作溝通品質。除此之外，另一個檯面上的影響因素則是「功能差別」。

功能屬性的差異

如果你身在業務單位，多少避免不了因公務而需要的差旅行程，因差旅所衍生的相關費用，你通常有兩個方式可以進行申請，第一種是事先預估預計發生的費用，然後填寫預支單申請費用，待差旅行程結束後再進行核銷的作業。這種方式的好處是不用自己先行墊付資金，但你可能需要一個月前就先提出申請，否則可能碰上你都出遠門去了，費用還沒核撥下來，加上後續核銷作業也是挺麻煩的，如果再碰上多退少補的申請，那真的是一種折磨。第二種就是來不及或忘了事先申請預支，或根本跳過預支這個有點麻煩的方案，直接出差處理公務，行程中所有的相關單據全部收齊好，回到公司再一次報銷申請。這種方式簡單俐落多了，只是你得先自掏腰包墊付費用，金額若不多就還過得去，金額若十萬以上，對於不少人來說還是有些壓力的。

不管你是選擇哪一種方式申請差旅費用，你都已備齊所有預計報銷費用的單據，填寫所有相關表單，並依縫線一一整齊貼上，然後請主管確認一下簽個名。當你準備將這些資料送到財務部門進行申報，並心想這些墊付的費用到月底就可以入帳了，卻聽到財務部門的同仁跟你說：這張單據少了一個章、這筆費用不可以申請、住宿費用超出公司規定的金額上限、這裡有用立可白塗改需要補章等等，所以請回去將單據重新整理好、表單重新填寫正確後再送件。相信當我們聽到這樣的回覆時，通常不會有太好的情緒。也許當下我們會稍微求情一下財務同仁：拜託啦！我是為了公司出去搶訂單啊，我都已經自己先墊了五萬元了，你不幫我順利申請費用，我接下來真的只能吃土了啊！就少一、兩個章而已，應該沒關係吧，你就通融一下啦！不然你這次先幫我申請，缺的單據我想辦法在下星期一定補給你！或許你表達的極其可憐哀怨且動人，但你應該只會得到一句所謂的官方回覆：不行！就是不行！或是更犀利的一句話：你是第一天來公司嗎？於是你開始覺得財務部門的同仁缺乏同袍之情、沒有同理心、不知道業務同仁在外面風吹雨淋拿訂單的辛苦、不懂得通融與圓滑一點，甚至心生以後若是財務部門需要協助，你一點也不想要幫忙的心情。

明明就是一件簡單的費用申請作業，卻造成兩個部門同仁之間的不愉快，這完全只是因為各自的「功能別」，站在不同的立場與角度所造成的差異，我們也可以稱之為「專業領域的差距」。業務同仁希望費用申請能快速一點、順利一點，然後趕緊再去搶下一份訂單；財務同仁則必須遵守財務規範與紀律，以確保作業不至於產生風險。兩個人的出發點都沒錯，都是為了公司多加著想，只因為所處部門不同、職務角色不同，而讓彼此間的溝通產生了這樣的落差。

談到這裡，我相信你可以發現到一件事實：**要做好溝通，是需要大量成本的，而且這個成本之高往往超乎你的想像**。身為管理者的你，我相信你並不期待在自己的團隊裡會發生這樣的情況，為了降低這看不見的大量成本，讓工作夥伴彼此間的對話可以更加順暢且具有成效，我想你可以開始著手以下幾件事情。

搭建共同平台

雖然我們每天在管理工作上，面對所謂的正式溝通、或非正式溝通的次數多到難以衡量，但在此我並不打算跟你深談溝通技巧到底是什麼？或者應該具備什麼技巧？我相信只要你願意出門到書局走一趟、或在上網在網路書店隨手滑一下，應該隨時隨地都可以找到為數眾多可以提升個人溝通技巧的書籍。接續前面提到因為「階層差別」與「功能差別」的關係，造成組織就是會遇到這先天不良的障礙，在處理這樣的障礙之前，我想跟你分享一個概念：「平台」。

①蹲下來的對話

在二〇二〇年的十一月，我正開始自己的徒步環島之旅，第一天的路程從台北市信義區出發，往北朝基隆方向移動，在完全不知道自己的腳力到底如何的情況下，對於第一天的住宿地點我完全沒有任何想法與計畫，反正走到精疲力竭就當地休息吧。經過一整天馬不停蹄地走著，我在晚上六點走到了八斗子漁港，站在漁港邊看著眼前一片蔚藍的大海，極度疲累後的靜心欣賞，有種說不出的舒坦感。Google 地圖顯示馬路對面不遠處有一間旅社，今晚就到那好好休息一晚吧！晚上七點的濱海公路，天色昏暗、來往車速極快，我找到了一條斑馬線準備到對面的旅社，但我在原地站了五分鐘仍無法順利踏上斑馬線走到對岸。那一輛又一輛在我眼前疾速而過的車輛，加上頭頂上的紅綠燈只會閃著黃燈，沒有可以切換成紅綠燈模式的裝置，以致讓我根本找不到一個空隙時間可以快速的通過馬路。反正我並不趕時間，我就慢慢等著安全的時機再過馬路吧。這時我看到左方五十公尺處有一個小女孩，身上還背著書包，我想應該是剛下課吧，正當我想著天都黑了，小女孩怎麼還一個人待在人煙稀少的濱海公路上時，小女孩往我這裡飛奔跑了過來，在我面前哭著跟我說：你可以帶我過馬路嗎？我媽媽在對面的便利商店等我！看著她一臉驚慌並掉著眼淚，我蹲下來看著她，然後微笑地對她說：好喔！我帶妳過馬路，你不要擔心！等到了一個安全可以過馬路的時機，我便帶著小女孩順利到了對面。看著小女孩往便利商店飛奔而去的背影，這還真是奇妙的環島第一天啊！

如果你跟我遇上同樣的情況，我相信你的作法一定和我一樣，讓小女孩安心的過到馬路對面。但回想其中一個情景，當你準備跟小女孩說話時，你所做的第一個動作是什麼？可能不是說話，而是**蹲下來**，對嗎？有想過你蹲下來這個動作的用意是什麼嗎？其實就是建立共同平台，讓彼此之間在同樣的高度進行對話。

身為管理者的你，是否想過在工作上為你的團隊或成員之間搭建這座具有相同高度的平台呢？如果你能做、也願意做，相信你們彼此之間的溝通一定會更加順暢。有時候這樣平台的搭建，並不需要任何的隻字片語，一個肢體語言動作的傳遞，就能為你搭建起良好的平台。

②專注的對待

在這麼多年的工作經驗中，有個畫面一直深深刻畫在我的腦海裡。有一次我需要向剛上任的執行長進行專案進度報告，對於這位剛到任的執行長，我並沒有太多的認識與理解，唯一的標籤應該就是：他是公司花費重金挖角過來的空降部隊。對於空降部隊這個角色，組織裡的每個人解讀各有不同，有人認為他應該真的是有兩把刷子，才有辦法接任這個位置；也會有人覺得應該是有一點能力啦，但就看你可以在這個位置上撐多久，說不定兩個月就掰了。在此之前，我只有在主管會議上見過這位執行長一面，那天是他剛到任的第一天，董事長在主管會議上當眾歡迎他加入我們的團隊。今天我的專案進度報告，算是我第一次與他單獨、面對面的正式工作溝通，我也的確想利用這次機會好好觀察這位甫就任的執行長，是不是真的有令人驚豔的過人之處。

我帶著筆記型電腦跟一些紙本資料，在跟執行長祕書打聲招呼後，便走到執行長辦公室的門口。辦公室大門是完全敞開的，所以我可以看見執行長 Benson 正專注地看著他眼前的電腦，並雙手飛快地打字中。我無意打斷他如此投入的工作狀態，但約定時間下午兩點已到，準時應該是更重要的工作態度。於是我輕輕地敲了大門，

我：Hello，Benson～

Benson：Daniel，你來嚕！不好意思！

（不好意思？我知道你在忙，難不成你要跟我更改會議時間嗎？你的時間很寶貴，但我的時間難道就不寶貴嗎？這可是我跟你的第一次工作會議，你這樣有點母湯喔！你是高階主管，我也是處級主管啊！尊重彼此的時間是很基本的概念吧！我的內心評價表已經開始啟動扣分程序了。）

Benson：你先在沙發上坐一下，我有一封急件需要立即回覆，給我三分鐘就好，我們三分鐘後就討論你的專案。

（三分鐘！好喔！我就給你三分鐘，就看接下來你是三分鐘、五分鐘、還是十分鐘。儘管我心存極度挑剔的標準來看待這位執行長的行為。但此時我必須先給他一個大大的肯定，那就是當他在跟我說這段話時，他的眼神是十分專注在我身上的，而非一邊看著電腦打字、一邊跟我說話。也許你覺得這只是一個小動作，但這個動作很可能連你都做不到，尤其當你處於需要趕緊完成手上工作的急迫時刻，你當下的焦點只在工作上，而非你眼前的這個人。）

我：Benson，沒問題！等你處理完我們再開始！

接下來的發展其實有點出乎我意料之外，也或許我以前從沒遇過這樣的老闆，以至於 Benson 接下來的每一個動作，都讓我記憶深刻、也讓我對他另眼相看並欣賞與敬佩。接下來的三十秒，讓我們用慢動作鏡頭來看看 Benson 吧。

動作一：急件在二分三十秒完成作業。

動作二：蓋上他的筆記型電腦。

動作三：起身離開執行長座位，走到沙發坐在我旁邊。

動作四：兩眼很熱情且興奮地看著我。

動作五：來吧！看看你的專案有什麼我可以幫忙的地方！

我當時的內心挺受震撼與衝擊的，如果當天坐在沙發上的人是你，我相信在這短短的三十秒間，你也應該可以感受到 Benson 想要傳達給你的無聲訊息。我跟 Benson

之間的溝通平台，就在友善與尊重之中被建立起來了。

③平台讓彼此更靠近

在溝通技巧的課程裡，會告訴你應該學習表達技巧，教導你如何適切地表達、如何架構邏輯清楚的表達框架、如何避免敏感字眼的運用、如何切中重點的核心陳述等；也會告訴你除了表達之外，你更應該學習傾聽技巧，教導你Hear跟Listen是不一樣的、如何運用同理心來聆聽到感同身受，如何運用肢體言來提升傾聽的效果或是行為傾聽的SOLER技巧等。但不知道你有沒發現一個狀況，一群資深的主管在會議室裡針對明年策略進行討論，這些主管在公司細心的栽培發展下，表達技巧與傾聽技巧課程都不知道已經上過多少次了，相關的技巧也都非常的熟練，表達技巧OK、傾聽技巧OK，但我們仍無法確保他們能夠順利進行溝通並達成共識。很多時候溝通成敗的關鍵並不在技巧，而在於我們是否位在同一個平台上。平台也可以解釋成**頻率**、**頻道**、**光譜**，如同你聽收音機時的狀況一樣，有些頻道你不用怎麼調整，就可以聽得清晰明白，這樣的工作夥伴我們會將之視為好相處、同一掛的、惺惺相惜的；反之有些頻道就是不管怎麼調整，終究只能聽到沙沙的雜訊聲，而這樣的工作夥伴我們就會看待成怎麼講都沒有用、甚至認為道不同不相為謀。

不管你的團隊現在面臨的是本位主義、山頭林立、部落主義或是穀倉效應，也許這些問題狀況讓你相當的苦惱，但你必須認清一件事情，沒有任何一個人想當一位破壞者，也沒有人天生就是希望自己所屬的團隊呈現對立、甚至分裂的狀態，大家都是為了團隊的未來一起努力打拼著。我們沒想要當老鼠屎，我們只是在各自的專業領域裡努力著，而忽略了在共同的平台上一起努力著。好好為你的團隊與夥伴之間建立一個合適的平台，它將可以使你們彼此間的對話更加清晰明白且更有效率。

讓我們取得共識

你可能聽過你的老闆說過這麼一句話：我不管你們對於方案有多少的想法，你們可以討論研商、甚至可以怎麼爭執吵架都沒關係，討論出一個大家都可以接受的方案之後，就給我全力往前衝刺。你會發現，不管組織溝通有哪幾百種方式可以操作，**但其終極目的只有一個，就是達成共識。**

在團隊當中，我們通常通過會議的形式來整合大家的意見與想法，但在會議中能夠順利達成共識的機率，卻總比我們想像中的低。不妨回顧一下你自己目前的組織狀態，當你收到一封會議邀請通知，上面寫著今天下午兩點到三點將進行跨部門專案會議，會議很準時的在下午兩點開始，你覺得會議也能準時的在下午三點結束的機率有多少？

我經常遇到的狀況是，會議最後是在下午三點半結束，有時甚至會更久；也可能會議能在三點十分結束，沒有太誇張的拖延現象，但那通常是下一場會議室使用人來敲門提醒，會議室使用時間已經到了，我們才不得不提早結束會議。然後此次會議的結論是：剩下的議題我們再找時間開會討論。

會議預期出現的共識呢？沒有出現，因為我們沒有足夠的時間來討論。沒有足夠的時間，那為什麼會議時間不乾脆安排為兩個小時呢？因為那樣會議的時間會太冗長了，沒有效率可言。沒能取得成員之間的共識，其實更加沒有效率。

這種惡性且盲目的工作循環，曾經發生在我每一天的工作環境裡，這種感覺真的是糟透了。讓我不禁思索著，如果能在有限的會議時間裡，大家能夠熱烈的各抒己見，並好好地整合成大家都可以接受的方案與決定，那是多麼幸福的一件事情。可惜共識的形成遠比我們想像中的不容易，如同大家熱烈討論著今年的員工旅遊到底要去哪裡玩，都可以討論個十天半個月，最後等到老闆看不下去了，乾脆自己大筆一揮做下決定。

身為管理者的你，不該把太多的時間花在無效的溝通上，不管是一群人參與的工作會議，或是一對一的員工溝通與面談。溝通雖然是必要的過程，但你如果想要有效地取得溝通成果，首先第一步是你要能夠釐清工作上的許多資訊，究竟是「觀點」還是「事實」；第二步是你必須掌握「以事實為本」的工作溝通原則。

①觀點與事實

對於同一件事情，每個人都有不同的觀點，所謂的觀點就是對於想法、意見、感覺、看法的描述，這是一種主觀的陳述，無須去證明這是對的還是錯的，因為觀點沒有所謂的邊界或是標準答案，當我們站在自認正確的基石上發表己見時，其他人是很難撼動你的基石的。觀點的抒發，非常適合放在閒聊、打嘴砲的場合上，因為每個人各抒己見，說得開心盡興就好，也不必非得達成什麼樣的共識，因為根本不會有共識這件事情。想像在一場行銷會議上，部屬A說：我認為我們的商品比較適合主攻二十五至三十五歲的白領輕熟女族群……（你可以試著判斷一下這句描述是屬於觀點、還是事實）。我想你接下來應該會進一步詢問：為什麼你會這麼覺得呢？部屬A繼續說：因為我身邊這個年紀的女孩子們都還蠻喜歡我們公司的商品啊！可能不用等到你繼續開口詢問，部屬B就會跳出來說：可是我身邊三十多歲的女性朋友們並不是很喜歡我們公司的商品欸，我拿了一堆試用產品給她們，她們都不愛用……。如果你接下來開放時間給兩位部屬繼續討論這個議題，我想過了三個小時也不會有結論，因為兩個人的根據都是身邊的朋友，看起來似乎論點都有所本，但立論根據不夠硬核，因此也說服不了對方接受自己的想法，這就是觀點陳述所造成的混亂局面。

若把觀點陳述的習慣放在你的員工管理上，那將會是一場災難。當你發現部屬 C 最近遲到的情況有點嚴重，你會如何提醒部屬 C 這個情況呢？如果你的說法是：我覺得你最近出勤的狀況不是很正常，記得別再遲到了！這種觀點陳述的說法，你覺得會得到部屬 C 什麼樣的回覆呢？如果沒有意外的話，你應該有很大的機會得到以下的答案：

- 有嗎？沒有吧？
- 主管，我的出勤一向都很正常啊！只是你都沒看到而已！
- 老闆我私下跟你說，出勤真正不正常的其實是部屬 D 啦！

②事實導向的溝通模式

你一定發現到一件事情，那就是觀點描述存在著太多的灰色空間地帶，如果你下次開會又聽到「我認為……」、「我覺得……」、「我想應該是……」這些字句，那你最好做好心理準備，因為這場會議將又會陷入觀點漩渦，你只會感覺身陷在看起來說了一大堆，但又等於沒說一樣的窘境。如果你對部屬C是用另外一種說法：在上個月二十二個工作天當中，出勤報表顯示你有十五天的遲到紀錄，這不是一個很正常的狀況，有什麼地方是我可以幫助你的嗎？這便是「以事實為本」的工作溝通原則。

何謂事實呢？事實就是可以被證明真偽的一個說明、情形或是陳述。相對於觀點的主觀角度，事實則是客觀角度，是真實發生過的事，並有確實的證據來加以支持。也正因為事實的存在，反而可以讓我們在工作溝通上不會出現太多的模糊空間。既然我們知道應該「以事實為本」來進行工作上的溝通，那工作上的事實包含哪些東西呢？其實很簡單，你只需要把握一個原則就可以，那就是**三據管理：依據、數據、證據**。

- **依據**：大多來自於公司相關規章、制度與辦法，像是：員工守則、勞動基準法、績效管理辦法、標準作業流程等，這些相關內容都清清楚楚的條列說明，並公告周知，很難有模糊地帶可以挑戰。
  - 依勞動基準法第四十三條規定訂定，勞工結婚者給予婚假八日，工資照給。
  - 依公司採購及供應商管理辦法，廠商之遴選須由資材、品管、技研或設計等相關單位，依據所須產品之特性、品質、交期、服務等項目選出合適之廠商，並應建立供應商基本資料。
  - 依據績效管理辦法，於績效考核期間受記過以上處份者，其相對評等不得列入「優等」。

- **數據**：公司內部的相關報表資料、或是外部研究機構的調研資訊，都是你可以加以運用的數據資料。
  - Eric，在上個月的業績報表中，你的業績達成率是九十%，距離目標還短少了三百萬。
  - 在麥肯錫（McKinsey & Company）二〇二三年的「Busting the five biggest B2B e-commerce myths」調查報告中提到，電子商務現在已經為普通的 B2B 公司帶來了超過十八%的收入，不僅與面對面實體銷售持平了，並且還領先於所有其他的通路。
  - 薪酬軟體公司 Payscale 的一項研究顯示，超過一半薪資符合市場行情的工作者（五十七%），「認為」自己的薪資低於業界水準，而在這群人當中，又有六十六%員工正在尋找新的工作，幾乎是自認薪水符合或高於行情的人的兩倍。

- **證據**：法律上的解釋是：必須是客觀上可以檢驗真實或虛假的事物或言語，而不單純是個人主觀的意見或猜測。在管理工作上真要用到證據的時刻，大多會出現在提醒、修正、糾舉員工行為的時候。像是：工作紀錄、Email信件內容、系統操作紀錄等。尤其面對員工的重大疏失或有違法情事時，證據的明確性與齊備性更是關鍵。

在組織管理的運作上，我們以開放的態度接納各種不同的意見與想法，激發更多的創意、蒐集更多面向的資訊，以做出最適當的決策與行動方案。但溝通必須掌握在適度的範圍，充分溝通但不過度，因為過度的溝通反而會拖垮了執行的力道。所以請記得在取得共識的道路上，釐清工作上的資訊是「觀點」還是「事實」，以及掌握「以事實為本」的重要原則。

靠近你的教練

在組織運作的內部環境裡，我們需要進行大量溝通的對象不外乎是三個角色，對下面對員工、平行面對同儕，以及對上面對老闆（或上一階主管）。雖然要跟這些人進行有效的溝通都不算是簡單的事情，但什麼話可以儘管說、什麼話在這種情況下不該說，這些基本的應對進退與分寸，我們多多少少還是懂得的。但若要加上溝通時「心理壓力的力道有多大」這個因素，情況可能就完全不一樣了，這壓力由大至小的排序通常是老闆大於同儕、同儕大於員工。

影響力帶來的心理負重

之所以會有這樣的落差，我們可以試著從「影響力」這個角度來思考。在團隊中如何發揮出你的影響力，藉以影響他人的決策或行為，就我自身過去的管理經驗而言，我發現有三項因素在形塑著我們對於他人的影響力，分別是：職稱（頭銜）、專業與人格特質。

- **職稱（頭銜）**：組織檯面上的影響力，頭銜夠大，講話就夠大聲。你的職位可以影響任何一個職位比你低的人，職位權力的權杖就是這麼簡單粗暴又好用。
- **專業**：你在某個領域的專業能力與經驗，在組織中已到了神主牌眾人膜拜的地步，大家不管遇到什麼疑難雜症，私下跑來跟你請教都可以得到很不錯的答案，這樣的你就算沒有什麼顯赫的頭銜，檯面下的影響力還是很驚人的。
- **人格特質**：如果你沒有職稱可以依靠，專業也沒到頂天的程度，那你還有一個可以建立影響力的因素，那就是人格特質。像是：喜歡熱心助人，一點都不覺得麻煩的耐心；開朗熱情又活潑，總是扮演團隊中的熱力啦啦隊；主動積極且負責，常協助大家趕上工作的進度。這樣的人格特質通常會讓你擁有極佳的人緣，大家都喜歡跟你相處在一起。也正因為大家對你的喜愛，因此你說話還是會有些份量的，對他人還是有一定的影響力。

面對員工，就算你真的缺乏專業與人格特質這兩個因素（應該不至於到這麼誇張的地步），光是具備職稱與頭銜這個條件，你就足以影響你的每一位員工與整個團隊，原因很簡單，就是你的拳頭比較大顆而已。因為你手中握有的權力比他們大的多，他想要請假或是一堆文件的申請都需要經過你的批示與同意、他的年底考核分數高低掌握在你的手上，因此他非得聽從你的工作安排跟指示，否則就是自討苦吃。對於管理者而言，手中掌握著員工的生殺大權，當我們要面對他們進行溝通時，我們心理壓力的力道相對於其他對象來說算是最微小的，因為倍感壓力的是員工，而不是我們。除了一種情況例外，那就是當碰上的員工根本不吃你這一套，一副哪一天你把我逼急了我就自己捲鋪蓋走人的模樣，對於這種員工，職稱（頭銜）還真發揮不了什麼影響力。

在面對跨部門主管的同儕時，所謂的職務地位至少是平起平坐，加上每個人的專業領域各有擅場，溝通時就事論事、多多少少會尊重彼此的專業，只要井水不犯河水，我們都是可以相敬如賓的。若真的有激烈爭執，通常也會適可而止而有所收斂，都是部門主管何必搞的這麼難看呢？彼此之間還是會想辦法取得共識，儘管共識只有那麼一點點，至少還是可以給老闆一些交代。這種組織中平行溝通的過程，壓力多少是會有的，但還不至於無法可解。

面對老闆或高一階層的主管，基於他們在公司裡的地位，我們的心情多少是心生敬畏的。在雙方的互動形式上，主管召見我們的次數也遠遠超過我們主動找主管對話的次數，畢竟大部分的人心裡總是覺得主管找我過去說話，好事發生的機率實在太低。如果主管還是那種臉上沒什麼笑容的人，光是看到他們的臉孔，心理壓力就不自覺的驟然爆升，然後可能開始說話結結巴巴、手足無措、眼神不知道該往哪裡看，平時所謂的勇氣或是氣場，也瞬間消失的無影無蹤。我看過很多高階主管辦公室的大門都是敞開的，也會告訴大家說：我的辦公室大門永遠為每一位同仁敞開著，有任何問題或需要協助的地方，隨時歡迎大家來找我。令人莞爾的是，這扇門大多常年門可羅雀。

教練深似海？

我跟大多數的人一樣，面對老闆或主管時，我總覺得我跟他們不是在同一個世界生活的人，他們的想法與思維我經常無法理解，他們也似乎不懂我在想些什麼，我們彼此間的座位距離可能只有一公尺，但心裡的距離卻是非常的遙遠。甚至，我知道也可以感受到，他曾經嘗試想跟我多聊一些工作或生活上的話題，但我就是說不出任何的東西，也擔心會不會說了不該說的話。為此，我曾經問過自己一個問題：為什麼會有這樣的距離呢？如果真的有距離，那這樣的距離究竟是誰造成的呢？我並不喜歡工作夥伴之間存在這樣無形的鴻溝，我也知道自己心裡的不自在勢必會影響對方，讓對方也感到非常的不自在。在某個時刻，我突然想起愛情小說裡曾經有這麼一段話：如果我跟你之間的距離是一百步，只要你願意踏出那一步，我會願意往前走出九十九步來到你身邊。面對老闆與主管，如果我願意邁出這第一步，我與他們的溝通情況，會有不一樣的結果嗎？

①向上管理的窘境

一直聽說過一個名詞，叫做向上管理，坊間也確實有這麼一門課程教導你如何與上司好好相處，幫助你掌握全局。但上司真的有辦法讓你管理嗎？我曾經上過著名且經典的MTP（Management Training Program）管理課程，這當中告訴我管理的流程包含了計畫、指示（指揮、命令）、控制、協調，或許我的慧根實在有限而未能全部通透，因為當我聽到向上管理這個名詞時，真的壓根想不出我到底能怎麼指示與指揮我的老闆、甚至命令控制老闆，如果哪一天出現了這樣的情景，那我真的覺得這未免也太詭異了。若我能夠跟主管之間和平相處，那已是我覺得很完美的狀態了，真的談不到管理上司這件事。直到我在組織中當上了高階主管，回首省思這一路走來的許多管理工作與挑戰，我很慶幸追隨過很多優秀的老闆及主管，他們不斷地鍛鍊啟發我的思維與視野，在與他們不斷互動的過程中，我對於向上管理這件事有了不同於以往的感受與體悟。**向上，的確很難管理，但可以同理。**

②與其管理，不如同理

在企業組織裡，當你透過不斷地拚搏努力且屢創勝績，終於攀上了金字塔的頂峰，你會發現你除了擁有更高的權力、更大的團隊、更重的責任、更好的辦公室之外，還會附加贈送一項東西：更多的孤獨感。諾大的職稱頭銜除了有更多的光環，也帶出更遙遠的距離感。你一直拿捏著與員工之間的距離，過於疏遠不是你想要的狀況，但過於靠近也只是增加管理難度，這一來一回的拉扯，距離始終這麼存在著。因此你會發現，其實你也只是一個普通人，平凡的跟員工他們沒什麼兩樣，勝利成功的時候，希望得到他人的讚美與鼓勵，失敗沮喪的時候，需要他人的溫暖與支持，你除了工作能力比其他人好上那麼一點之外，好像也沒多麼了不起。所以我想告訴你的是，每一位你面對的老闆或是主管，其實都是凡人之軀，跟你沒有太多的不同。

你接到很棘手的專案，煩躁到想要一頭撞牆死去，他，跟你一樣。

你最近跟同事有些口角爭執，害怕彼此的關係會惡化，他，跟你一樣。

你擔心今年表現的不是很亮眼，年底的績效可能會奇慘無比，他，跟你一樣。

你覺得對工作的熱情已經被消磨殆盡，令人稱羨的工作對你來說就是食之無味棄之可惜，有股衝動想要遞出辭呈，他，也跟你一樣。

跟好友一起吃飯喝酒時，狂罵公司制度的不合理，厭惡老闆一堆無腦的指示與作為，若不是有好友可以一起喝酒放肆抱怨一下，這種生活再過下去真的會發瘋，他，也跟你一樣。

你心裡充滿的擔心、不安、焦慮、恐懼，他也全部都有，一樣都少不了，甚至還比你的情況更加嚴重。只是他坐在主管這個位置上，他無法無所顧忌地表現出這樣的情緒讓你、讓團隊知道。如果你願意試著開始同理你的主管，站在他的位置與角度來看待工作上的所有人事物，你便有機會更加了解他的世界。

走進教練的世界

位在組織不同的高度，我們可以看到很多的人事物，也看不到很多人事物，不管你位在哪個高度，終究無法全覽所有的景色，如同登山一樣，不同的高度自有其專屬的風景。如果你想知道主管眼前的景色究竟是什麼模樣，除非你親自站在那個位置好好地看一眼，否則再多的形容與描述也無法讓你想像出相同的景色。儘管我們無法全然理解，但我們可以試著開始同理，不妨先針對以下的題目好好思考一下，看看你是否能回答出一些具體的答案。

1. 你了解主管想要完成些什麼嗎？
2. 你知道主管的重要目標是什麼嗎？這點很有可能與上一題的答案並不相同！
3. 你清楚知道主管希望你完成什麼嗎？這個答案與第一題的答案是一樣的嗎？
4. 你認為主管的性格、態度、行事風格，是相對的保守或是非常積極進取？
5. 你目前的工作目標與主管的挑戰企圖是否一致呢？是有所衝突、矛盾或是毫無關係？
6. 你知道主管現階段最煩惱的人事物是什麼嗎？有沒有什麼事情是讓他備感振奮且更具活力呢？

如果以上這些問題你目前並沒有比較清晰的答案，那也是很正常的事情，因為在管理的工作上，我們大多把心思放在自己與員工身上，而非直屬主管的身上。畢竟我們習慣地認為：他是主管，他的能力與經驗都比我強，通常自己就可以搞定一切，哪像我們那樣青澀稚嫩又懵懂無知，還得讓他多費心力來幫我們把屎把尿擦屁股。因此，我們上層的這些主管，通常不在我們的關心範圍內，畢竟，我們能先把自己的一切搞定，別亂挖坑給他們就不錯了。

如果這些問題你心裡都有答案，甚至還非常的有勇氣拿這些題目跟你的主管討論，順便確認一下彼此的答案是否接近，我相信你不僅可以進一步看清楚主管世界的模樣，甚至還可以嗅到那裡的空氣是什麼味道。這代表你對那個世界的熟悉度與掌握度應該有八成了，只不過這麼「主動」的方式，在團體當中只有不到一％的人願意嘗試，就算它真的是一個很不錯的方法。

一旦你可以掌握到**主管的「需求」**，你就會比較知道該用何種方式與主管好好互動了，甚至可以成為主管工作上的最佳搭檔。如果你覺得找出主管的需求是一件頗具挑戰的難事，希望能有一些更加簡單易行的方式來拉近自己跟主管的距離，那麼以下這些作法可以是你的敲門磚。

①對工作的掌握度高（進度、流程、關鍵細節）

主管日理萬機，要處理並煩惱的事情也比我們多，有時難免會有所遺漏或是疏忽，尤其我們身處在一個時間碎片化的時代，資訊的超量負載也讓我們短路的機率急速攀升。當他突然想起某件工作任務、或是需要相關的工作資訊與數據時，如果你能夠立即、馬上提交資料，或是加以補充與重點提醒（特別是他也有主管要面對時），你不僅能夠掃除他內心的焦慮與不安，更可以帶給他足夠的安全感，他會真心的覺得：有你真好。而這樣逐步建立的信賴與安全感，將能夠為你們之間鋪上更完整、更平順的溝通之路。

②主動地進行回報

現在到底是什麼狀況？到底是發生了什麼事情？有沒有人可以告訴我為什麼會這樣？面對這樣一無所知的情況，我想沒有人的心裡是覺得舒服的，主管更是如此。我經常提醒學生一句話：你讓老闆不舒服，他會讓你更不舒服。當主管交付任務給你，甚至因為信任而授權給你處理某項重要任務時，定期（或隨時）向主管報告目前的進度與狀況，讓工作進展隨時在他的掌握之中，這是一件相當重要、相當重要、相當重要的事情，重要到我必須連說三次。主動回報，代表著你對這項工作的負責與當責，代表你對這件事情念茲在茲，代表你比主管還要重視這件事情。或許你會覺得，既然都願意將任務交付給我了，那就應該好好地相信我一定會全力以赴地完成，有時候突然跑來問東問西，根本就是在干擾我的工作進度啊！嘴巴講著授權，做的還是控權啊！我希望你沒有以上這些負面的想法，如果有，那我真的會覺得你的被害妄想症症狀還挺嚴重的。請你相信，沒有人是天生要來與你為敵的。

與其覺得老闆根本不相信你、工作交給你他沒那麼放心，心生怨念並不會提升你的工作效率與品質，何況，你滿腦的怨念他也不一定知道，就算知道了也未必覺得需要處理，就別再拿石頭砸自己的腳了。不妨換個角度看待主管的提問，他就是不清楚狀況所以才問你，而且他覺得問你是最直接、最有效的幫助；他是想知道哪些地方還可以給你更多的資源或是協助，讓你可以更順利快速地完成任務。如果希望主管能夠相信你，你最好先學習相信他。

③給主管留點面子

你或許聽過，若要管教孩子，應該給孩子留點面子，不要在公共場合懲罰他；而夫妻相處之道也只有一條，在外面時給伴侶留些面子，有事回家再說。主管就是平凡人，也絕對會有恍神犯錯的時候，以我自己過去的經驗，當主管的報告資料有錯誤、或是在某些地方說錯話了，當下其實他們心裡都很清楚（啊！我說錯了！）。如果有必要，主管當下一定會親自解釋或補充說明，如果當下沒有這麼做，你可以會後私下與主管確認一下或提醒，可別在眾目睽睽之下自告奮勇地舉手糾正。請記得這是他的場子，不是讓你展現多麼專業的場子。如果你願意主動去找出這些數據資料錯誤的原因，那是最棒的事情了。

除此之外，我覺得你還可以做這麼一件事情，就是公司聚餐吃飯的時候，如果沒有特別的座位限制，你可以主動親切地坐在主管的旁邊。我相信你一定親眼看過，在公司聚餐的時候，主管旁邊的座位有很大的機率都是空位，因為沒有人想去坐在那裡，原因當然是不知道可以聊些什麼。經常看到很多人因為不得已而非得坐在那個座位時，那臉上的表情就像失戀般的痛苦萬分，桌上的美食吃起來索然無味。這樣的情況若是發生在你的身上，你發現大家都聊得很開心，但卻沒有一個員工願意主動坐在你的旁邊，心裡的滋味肯定不是太好受，甚至感覺到疏離感與孤獨感。所以下次聚餐宴會的時候，不妨主動化解主管的孤獨感吧。也給主管一個建議，聚餐場合上就好好吃個飯，別再談公事了。

④給主管一個微笑

還記得上次對主管微笑是什麼時候嗎？當我們面對職位比我們高的人，內心總會不自覺的嚴肅謹慎起來，表情也自然的有所收斂，但是，這並不代表你不能微笑。微笑效應研究的專家戴爾・喬根森（Dale Jorgenson）發現一個事實，經常對別人展現微笑的人，更容易看到別人對他的微笑，而看到的微笑越多，心情就會越好。當你對著他人微笑的時候，你不僅能影響別人，也能改變自己。在步調緊湊的工作職場中，如果你願意當一個微笑發起者，相信對於團隊的氛圍一定有著正面影響，也記得給你的主管一個微笑，可別忘了他的情緒好壞可是大大影響著團隊。

貼近你的主管，的確需要一些勇氣，畢竟在工作的階層制度上，就是有那樣的差距與距離。主管為了有效帶領團隊並給予團隊信心，有時必須展現出極度的自信、堅強與霸氣，但這不代表他需要當一位孤獨的巨人。細想主管與員工之間的關係，其實就是兩個同樣會有情緒、同樣會犯錯的普通人，因緣成為一個團隊與夥伴而彼此相互依賴著。在主管給予你關照與培養發展你的同時，若你可以回應相對的溫度與關心，彼此之間的距離將不再那麼的遙遠。

做好激勵維持動能

如何讓自己與團隊成員能維持在高度動力、甚至願意突破與挑戰，一直是管理者費心思考的問題。在我的就業年代，一談到激勵這兩個字，直接聯想到的就是加薪與晉升這兩件事情，要嘛給錢、要嘛給名，很不錯的鼓勵方式啊！這兩種方式加諸在我身上，心裡當然也是感覺極度的舒爽，覺得老闆這個雞血打得真好，巴不得再來多一點。但當你坐上管理者的位置，也想要闊綽地大筆一揮使用這兩招時，面對名額有限與人事預算的限制，就突然開始感覺到為難了，想給的多但就是沒那麼多資源，給的少又怕給不到位、給不到心坎裡，但不給又擔心會有什麼衍生效應發生。你或許會覺得，要進行激勵又不是只有加薪與晉升這兩種方式，關於這一點我完全同意，但我們也必須承認，不管時代與社會如何前進與變遷，加薪與晉升仍有一定的效果。只是相對於其他的激勵方式，**這兩個方式有其特殊性：投資成本最高、而且給了就收不回來。**

除了加薪與晉升，我相信你一定可以說出其他的激勵措施與方式，像是：給予學習培訓的機會、獎金與分紅、員工認股權憑證、口頭讚美與肯定、給予機會接受具挑戰性的任務、提升良好的工作環境、根據成就賦予獎盃獎牌等等，但在談激勵有哪些措施之前，我認為身為管理者的你，應該先好好了解一下激勵到底是什麼東西。

激勵的面貌

在史帝夫・羅賓森（Stephen P. Robbins）、瑪莉・寇特（Mary Coulter）的著作《管理學》（Management）中提到：激勵是一種**過程**，是指透過影響人們的**內在需求**，而**加強**、**引導和維持**其努力行為的過程。[15] 從這樣的解釋看來，要做好激勵這件事情並不是太容易，以至於很多管理者都承認自己很難做到、或是做好激勵這件事情。有這樣的心情其實非常正常，因為事實就是：你本來就沒有辦法激勵每一個人。我們能夠努力的方向是，透過鼓舞與引導的方式，協助員工發現自己的內在需求與動機，我們進而了解並給予適當的激勵內容與方案。因此我們會告訴自己，做了幾次激勵似乎也沒什麼效果，那以後乾脆就不要做了。對於管理者而言，進行激勵需要投注不少的心力與時間，而且也不見得就會因此感激你，以至於很多主管是很少進行激勵動作的，加上感覺不做激勵對現況也沒什麼太大的影響（因為我不見得需要滿足你的需求，也不見得可以滿足你所有的需求）。

儘管如此，我仍會鼓勵每一位管理者盡力做好激勵這件事情，當你願意開始激勵自己與員工，整個低迷的氣場將會因此有所改變。你可以讓自己更有動力與企圖，擺脫迷茫與不知所措；你的自我肯定將可以讓自己更加勇敢，願意挑戰並突破現有的限制；你可以與員工之間發展出良好的信任夥伴關係，進而大幅降低員工的防衛心態與行為；你可以協助員工培養出良好的工作態度與工作習慣，調整改正不良的習慣，進而鼓勵其傑出的表現；你可以減少團隊的內耗與浪費，讓大家的心思與精力專注在工作問題的解決上。

很多時候你覺得激勵無效，往往來自於激勵沒能打到點上，也就是「發現自己或員工的內在需求與動機」。這就像是麻吉朋友的生日快到了，你想好好準備一份生日禮物送給他，並且希望他收到禮物能感受到驚喜且開心。在你面前有著琳琅滿目的禮物清單，你是如何挑選這一份生日禮物呢？送他真正需要的生日禮物？還是送你自己覺得還不錯的生日禮物？大部分人的習慣其實都是第二種作法，因為我們根本沒花心思去了解壽星真正需要的是什麼，因此我們只能用「我認為你需要」這個想法來準備禮物，心裡同時安慰著自己這雖不中但亦不遠矣。這種「有一種餓，叫做阿媽覺得你餓」的思維，怎麼可能準備出一份既貼心又感動的禮物呢？像我這樣一位中年大叔的角色，你應該不難猜出我每年會收到的生日禮物是哪一些吧！我的生日禮物前三名分別是：香水、襯衫跟皮帶，這些禮物已經塞滿我三個大櫃子，很多甚至都還沒有拆封過，最大的差別只在於這三樣東西的單價，隨著年齡的增加而逐步提升。當然，對於朋友的關心與祝福，我還是心存感動與感謝的，至少他們還記得我的生日是哪一天。

生活的現象既是如此，職場上這種現象更是多不勝數，公司的激勵沒能做到位，員工沒感覺就算了，可能還會引發員工更多的抱怨。記得有一次在杭州講課，上課前跟公司老總聊了一下，看看有沒有哪一些管理內容是需要我在課堂上加以重點說明的。老總很自信地告訴我：公司上個月給這些員工調升了不少薪資，獎金也多發了一個月，我想他們現在的心情應該是很開心的，如果可以的話，我希望老師可以在課堂上分享一下「感恩」的思維，讓他們知道公司對他們其實是很上心的，也希望他們能夠用同樣的心情對待公司，畢竟公司待他們不薄啊！我完全理解這位老總的心情，也可以感覺到他把底下這些員工視為自己的家人，公司在獲利之餘願意提升基本薪資與多發一些獎金紅利，也就是希望員工們的家庭能夠過上好一點的生活。我其實是有一些感動的，畢竟願意心甘情願把口袋裡的錢拿出來與員工分享的老闆，比例還是沒有想像中的高。

在接下來第二天的課程中，我跟同學們分享了組織激勵這個議題，當然也提到了公司上個月的薪資與獎金的調整，大家都很感謝公司在金錢物質上的肯定與付出，也慶幸跟了一個很不錯的老闆，儘管如此，他們心中似乎還是有一些失落感與小小的抱怨。我請他們將這些想法整理一下，然後寫在海報紙上記錄下來。我當時特地將這些內容拍照留存，你會發現這些答案可能並不在你的想像之中。

- 公司半年前在我們部門這裡安裝了冷氣，偏偏出風口正對著我的座位，我的脖子從那個時候開始就酸痛到不行，頭痛的頻率也越來越高，跟經理提了好多次看能不能稍微改一下出風口的位置，但他完全不當一回事。

- 這工作我已經做了五年了，熟悉到閉著眼睛都能做，一點意思也沒有，我自己都不知道還要做多久。
- 在公司三年了，大食堂的菜色幾乎都沒有變化，不是西紅柿炒蛋、就是炒土豆絲，現在一到中午吃飯就特別覺得沒有胃口，我現在中午都吃方便麵，口味還挺多種的，那可比食堂的菜香多了。
- 公司內那麼多的員工，有很多都像我是從其他省縣來的，平時下班後都窩在宿舍，也實在不知道要做什麼。我曾經建議公司可以搞一些社團活動，舒活一下筋骨，不然也交誼一下讓我們這些剩男早日脫單嘛，但都被各種理由打回票。
- 上個月才回老家參加大學同學會，幾個同學名片一拿出來就是課長，我在公司都熬上七年了，好不容易才升到組長這個角色，兜裡的名片實在拿不出來。跟同學們閒話家常之後，我心裡就更不服氣了，他們掛著課長的薪水也不見得比我多啊。

看到這些真實描述，你覺得是員工難搞？還是老總不懂員工的心？我相信老總是真心誠意的，員工們當然也是心存感激，但似乎就是差那麼一點點。激勵的目的在於：讓員工願意投入承諾，並更加專注努力的工作；讓員工朝著公司的目標前進，把有限的精力放在對的事情上；鼓勵員工好的工作表現，並讓他不斷精進與持續成長。

看到這裡，你覺得這位老總的激勵有達到他想要的效果嗎？

激勵理論的思考

激勵的根本思維在於滿足需求，行為科學認為，需求來自於動機，進而確認我們的目標。歷史上關於激勵理論與動機研究的書籍或資訊非常多，當中有三個基本理論你可以多加認識並進一步了解，這將有助於你在日後激勵的思維與作法上擁有更清楚的方向。這三個基本理論分別是：馬斯洛需求層次理論、雙因素理論、X理論與Y理論。

①馬斯洛需求層次理論

馬斯洛（Abraham Maslow）在一九四三年的〈人類動機的理論〉（A Theory of Human Motivation Psychological Review）當中提出了需求層次理論，認為每個人內心都有五種不同層次的需求：「生理需求」、「安全需求」、「愛與歸屬需求」、「尊重需求」和「自我實現需求」。[16] 強調人類的動機是由多種不同性質的需求所組成，而各種需求之間，又有先後順序與高低層次之區分，當人的低層次需求被滿足之後，會轉而尋求實現更高層次的需求。在此將每個需求摘要說明如下：

- **生理需求**：指的是人類為了維持生存的基本要求，如果這些需求無法被滿足，那人類的生存就會出現問題，像是食物、水、空氣、睡眠等。
- **安全需求**：這是對於保障自身安全（包含生理安全與心理安全）的需求，此需求層次高於生理需求，因為當你快餓死時，你可能會跟老虎獅子搶食物吃，因為都快活不下去了哪還顧的了安全這東西，許多涉及勞工安全的高風險職業，像是早期的礦工就是很典型的例子。

- **愛與歸屬需求**：當我們滿足了生理需求與安全需求之後，我們才會開始關注到內心的需求，這部分包含了友愛的需求與歸屬的需求。友愛的需求像是愛情、友誼，而歸屬的需求就是能夠被他人接納、與他人建立聯繫的互動關係等。
- **尊重需求**：到了這個層次，則是希望自己的能力受到肯定與尊重，並擁有穩定的社會地位。這裡可分為內部尊重與外部尊重兩個部分，內部尊重是指具有一定的實力、能夠勝任、充滿信心，且可以獨立自主，也就是人的自尊；而外部尊重則是指希望擁有地位、具有威信，能夠受到別人的尊重、信賴以及高度評價。
- **自我實現需求**：這是最高層次的需要，它是指實現個人的理想、抱負，能夠發揮個人的能力到最大的程度，激發出自己最大的潛力，並且完成與自己的能力相稱的一切事情的需要，成為自己所期待的那個人。

接下來你可以思考一下，馬斯洛需求層次理論跟你目前在管理工作上的激勵措施有著什麼樣的關聯？不妨把你目前已經知道可行的激勵措施條列出來，然後看看目前使用的這些方式是在滿足哪一個層次的需求，像是：增加員工午餐的費用點數是哪一層呢？舉辦公司員工親子日活動是哪一層呢？頒發榮譽獎章或是優良員工選拔是哪一層呢？

透過馬斯洛需求層次理論概念的延伸，在現今的管理實務運作上，其實企業的許多的激勵措施都涵蓋在這些範疇當中，像是：

- **生理需求**：薪資、強化員工福利、改善工作環境、優化休假辦法、提供定期健康檢查、安排交通車接駁、設置福利社、設置員工餐廳、設置圖書館或學習空間、設置簡單醫務室等。
- **安全需求**：勞保、健保、團保、員工儲蓄、安全衛生規範、退休辦法、離職辦法、員工撫卹辦法、職業災害辦法。

- **愛與歸屬需求**：工作規則制定、季戀完整的內部溝通體系、溝通會議（員工大會）、員工慶生會、提供社團補助、舉辦員工親子日、尾牙或旺年會、舉辦員工旅遊。
- **尊重需求**：員工管理、目標管理辦法、績效考核辦法、獎金制度、模範員工選拔、年度最佳員工、創新提案制度。
- **自我實現需求**：健行工作發展、晉升管理辦法、升等管理辦法、參與晉升人評會、職涯發展規劃（職涯地圖）、職務輪調制度、員工發展計畫（Individual Development Plan）、菁英培訓計畫。

你或許會發現我並沒有用你常看到的金字塔結構來介紹馬斯洛需求層次理論，因為金字塔結構並非是馬斯洛提出此理論的原貌，這個金字塔其實是查爾斯．麥克德米德（Charles McDermid）在一九六〇年代於《商業視野》（*Business Horizons*）中所提出的。總結馬斯洛想要傳達給我們有關於激勵的觀點，在於以下的三個重點：

- 人類的需求具有高低層次的差異，只有當低層次的需求被滿足之後，才會繼續的往上發展。
- 低層次需求仰賴外在因素的滿足，高層次需求則需要依賴內在因素填補。
- **被滿足的需求將不再繼續具有激勵效果。**

②雙因素理論

美國心理學家弗雷德里克・赫茨伯格（Frederick Herzberg）在一九五九年提出雙因素理論（Two Factor Theory），也可以稱做激勵保健理論。赫茨伯格認為滿足員工需求有兩個因素，分別是保健因素（Hygiene factors）與激勵因素（Motivational Factors），當你做了很多事情來滿足馬斯洛提到的低層次需求，也就是你提供給員工很多的保健因素，並無法產生激勵的效果，頂多只是讓員工不滿意的感受消失或降低而已。

- **保健因素：**這是偏向工作環境或工作關係方面的因素，像是：薪資、福利、地位、工作條件、職場人際關係等，**這些措施即使做到極致，頂多就是讓員工沒有不滿意而已**，真要達到激勵效果還是有一大段的距離。
- **激勵因素：**這是偏向工作本身或工作內容方面的因素，像是：能夠有表現能力的機會、給予有趣或具有挑戰性的工作、能夠學習新的東西或技能、賦予更大的責任、得到成就感與認同感等。**這些措施就算你都不做，也不會導致員工極度不爽，頂多只是沒有所謂的滿意而已。**

從以上的解釋來看，雙因素理論給我們的啟示是，保健因素的事情只要沒有做，員工一定不滿意，因為連基本需求都沒有顧及到，但就算這些事情做到極致頂峰了，也頂多只是讓員工沒有不滿意的情緒而已。薪資就是一個最明顯且典型的例子，薪資給少了鐵定極度不滿，可能導致士氣低落、消極怠工，甚至嚴重到罷工停擺，但就算這些條件給到頂了，也只是消除不滿的情緒，甚至可能覺得這些東西本來就是應該要給我的，並無法真正地激發員工的積極性。

而激勵因素這些事情，不管你是覺得沒必要做、或是忙到沒時間做，對於個人與團隊並沒有什麼太大的影響，因為不做這些並不會直接導致員工不滿，可能也就覺得有點可惜而已。但如果你願意加減做一些，則有很大的機會可以提供員工強烈的工作動機與挑戰企圖，進而讓團隊往下一個新階段邁進。激勵因素雖然無關大局，但卻能大幅影響工作的效率與士氣。

③ X 理論與 Y 理論

這是美國心理學家道格拉斯・麥格雷格（Douglas McGregor）於一九六〇年代在其所著《企業中人的方面》（*The Human Side of Enterprise*）一書中提出的理論。[17] 這是一組完全相反假設的理論，X 理論認為人們有消極的工作動力，而 Y 理論則認為人們有積極的工作動力。在我的管理課程中，為了讓學生更快速地理解這兩個理論，我常以古代的法家與儒家來做對照。X理論是法家，認為人性本惡，而Y理論就是儒家，相信人性本善。

- **X理論：**認為人類天性就是懶惰，不喜歡工作，有機會就會儘可能逃避工作的責任與負擔；認為大多數人並沒有什麼雄心壯志，怕擔負太多的責任，而寧可選擇被主管責罵。而為了達成組織的目標，管理者必須使用強制的手段或辦法乃至懲罰、警告、或是威脅才有用。
- **Y理論：**剛好相反，認為大部分人的本性並不是厭惡工作，如果能夠給予適當的發揮機會，人們其實是喜歡工作的，並且會極度渴望發揮自己的本質才能，也願意對工作負起責任。

抱持不同理論的管理者，展現出來的管理行為當然大不相同。我曾經遇過一位主管A，當時由於部門整體負責的業務相當繁重，大夥兒加班的情況非常嚴重，經常都要搞到晚上十二點才能完成當天進度下班回家。這也導致了當時部門裡大多數的工作夥伴，難免隔天睡過頭了而無法準時打卡上班，還因此被記上一筆遲到紀錄。其實也不過就是遲到個五到十五分鐘，我當然知道遲到不是一件好事，但也覺得就這幾分鐘應該還在主管可以容許的範圍吧！畢竟當時大家真的是每天都累到虛脫，完全是用強大的意志力在衝刺業績，成績也都有做出來啊，主管應該感到欣慰才是。就在某天一早的晨會裡，A主管發布了一道部門內部規範，說著：最近大家遲到的情況非常嚴重，遲到，代表著你沒有做好完善的工作規劃，缺乏對時間的掌控精準度，也代表你沒有尊重這份工作與客戶，因此，從明天開始，每遲到一分鐘將罰款一百元，罰款將會納入部門的公共基金來運用，藉此提醒大家準時的重要性……。我一聽到這個公告，當時心裡真的是氣憤到不行。

A主管用懲罰與告誡的方式來規範員工行為，就是典型的X理論思維。當你發現怎麼公司的管理辦法跟制度越來越多、從三份變成十份，一些你認為不起眼的小事都要一字一句寫進辦法來加以規範，這就是充滿X理論文化的組織與團隊。X理論並不特別信任員工，認為光用說的、光用良善的提醒，是根本起不到任何作用的。以此為立論基礎來看待激勵這件事情，通常會認為用金錢報酬來激勵生產與提升品質，是唯一可行且絕佳的辦法，所謂有錢能使鬼推磨，相信只要增加經濟報酬便可以換得員工更高的工作品質。

有一年我負責整個集團的菁英儲備幹部訓練，從招募作業開始，要進行校園招募、海外招募、內部招募作業，招募結束後的菁英甄試遴選，進行為期兩個月的培訓計畫，一直到專案後期的末位淘汰、意願分發與事業單位分派。這麼一個大型的人才發展專案，當時真的把我搞得到精疲力竭，每天都想甩開這個專案的糾纏，但不可否認的是，這個專案也讓我充滿著充實的成就感。當時的直屬主管 B 有一天把我找去，問到：Daniel，目前負責集團的這個菁英儲備幹部專案，做到現在的感覺如何啊？我說要 hold 這麼大的專案的確不容易，但我目前還挺上手的，這個過程能夠幫公司培養出這麼多的人才，他們的優秀程度讓同業都在蠢蠢欲動地想要挖角他們，我真的非常非常地有成就感。主管 B 微笑點著頭，接著說：看的出來你把這個專案做的很不錯，我也看的出來你真的很努力。目前這個專案只專注在基層人員的菁英發展，單獨發展一個階層其實是有點可惜的，目前集團高階菁英發展是由我親自負責的，你負責一塊、我負責一塊，就是少了那麼點東西。

我聽到這裡，還真聽不出我這個主管葫蘆裡到底在賣什麼藥，但我總是要回應一下，因此我說：所以……老闆你有什麼想法嗎？

老闆似乎很喜歡我這個疑問句，所以也就不囉嗦的直接告訴我說：我要將整個集團的菁英人才發展業務，全部交到你手上負責。第一步，我會將我手上的高階菁英專案交給你；第二步，請你設計出中階菁英經理級的發展計畫；第三步，把基層、中階、高階三個菁英人才發展整合成一個完整的體系。這非常有難度，而且挑戰性更高，當然，我會給你必要的資源讓你可以順利推行，要錢要人都可以告訴我，你會想要試試看嗎？

當你聽到這麼一段話，你覺得這是一個大好機會終於可以一展長才、還是覺得將要陷入另一個更加折磨心思與精力的超大屎缺呢？記得當時的我只想了三秒鐘，便開口接下了這份超級艱鉅的任務。以我當時的視野格局與專業能力，也許不到百分之百可以勝任此任務，但當時這個Y理論的老闆願意相信我，願意給我挑戰的機會與舞台，願意讓我成就更大的目標版圖，他確實激發了我更加強烈的挑戰企圖與熱情。

Y理論思維的管理者，會視情況逐步擴大員工的工作範圍，並開始讓員工參與一些重要決策，也鼓勵員工承擔責任，去接受具有挑戰性的工作。他們可以引發員工的自豪感、滿足他們的自尊和並完成其自我實現的需要，使員工達到自己激勵的狀態。

強化激勵動能

在看完以上三個關於激勵的基本理論，相信你對激勵這件事情應該有了不同的認知與感受。如同前面所提到：激勵是一種**過程**，是指透過影響人們的**內在需求**，而**加強**、**引導和維持**其努力行為的過程。企業可以安排相關的舉措來滿足員工的需求，藉以達到激勵的效果，但這需要規劃、需要成本、也非隨時隨地就可以去做。不過，每天與員工朝夕相處一起工作著，最能夠直接激勵員工的角色人物其實就是身為管理者的你，而非公司。在你激勵員工的過程當中，多樣化的方式當然可以協助你提升激勵的效果，但最根本的關鍵因素還是在於你的態度，心口不一的激勵，員工可都是明明白白地看在眼裡。

在日常的管理工作中，主動去鼓勵、肯定與讚美員工，或許是你非常不習慣的管理動作，但你可以試著開始這麼做，或者，你先從激勵自己開始。激勵能讓團隊充滿更多的正面能量，把握「TURE」的原則相信可以讓你輕鬆上手一些。TURE原則是：

- **Timely（當下即時）**：及時的肯定讚美，看到好的表現就說出來，不要等到過了一個星期才說：你上週的那個簡報很不錯！人走茶涼，打鐵要趁熱。

- **Unconditional（不加設限）**：激勵不需要設限，除了工作績效表現之外，你還可以肯定員工的態度與行為，像是：主動積極、熱情活潑、溫暖貼心、創意無限等等，只要你願意仔細觀察，每個員工一定都有他的優點值得你去讚賞。
- **Responsive（給予回應）**：真誠的讚美最能感動人心，而真誠的基礎在於你自己也深受感動。這是打從心裡對員工說出對他的欣賞與肯定，而非記台詞唸稿的劇本，就算你唸的再好，那也還是演戲。
- **Enthusiastic（充滿熱情）**：激勵能夠做到及時肯定、不要設限、真誠以待，其實已經很不錯了，如果還能加上充滿熱情的語氣與肢體語言，那真是一件美好的事情。

這個原則可以矯正你對激勵原有的一些錯誤認知，Timely 告訴你，別再認為小事情不需讚美，等到做出大成績時再讚美就好；Unconditional 提醒你，激勵員工並不是一門太深奧的學問，千萬別覺得自己就是做不來；Responsive 讓你知道，激勵是一種高度互動的溝通關係，你自己都感動不了的事情如何感動他人；Enthusiastic 讓你知道，善用你的肢體語言將可以強化傳遞力道，你的熱情永遠是感染團隊氣氛的最佳利器。

最後，鼓勵與肯定必須「真心誠意」，永遠不用擔心你給的激勵太多，重點是，你能做的到底有多少？

第五章

Team：強化團隊與牛棚

如果你的個人能力非常強大且優越，

你就該有本事複製出像你一樣優秀的人。

你在球場上有能力擊出致勝一擊，並不代表球隊就會因此獲勝，光靠一支陽春全壘打很難影響整體的戰局。**因為缺乏「串連能力」的團隊，只會留下無數的殘壘，不僅嚴重打擊士氣，也很難取得勝果。**

但如果你可以將你成功的擊球經驗分享並教導給其他球員，讓大家都可以具備致勝一擊的能力，那情況可就不一樣了。

在球隊不斷取得勝果的同時，你也必須思考一件事情，那就是如何持續保有競爭力與優勢。球場上的局勢瞬息萬變，一旦有傷兵出現，球隊是否具有足夠數量、且能力符合的牛棚選手上場替補。戰功彪炳的老將也總有高掛球衣退役的那一天，平時若不積極培養新血球員，不斷強化牛棚的戰力，戰績墊底的苦果遲早送進你的口中。

針對現況，你需要養成團隊成員之間的信賴與默契，讓他們願意欣賞彼此，願意開放溝通彼此的經驗與想法，透過你有計畫的安排與配置，不斷反覆地練習與磨合，好讓他們面對戰術下達之際，能夠有效執行戰術並獲取成果。面對未來，儲備候選球員也是你的重要任務，人才不會一夜養成，他需要你花上足夠的時間來培育養成，你得清楚他的成長狀況，並適時給予指導與協助。若你根本不想要花這麼多時間來培育出自己的球員，你當然可以砸下重金招攬或挖角來聘僱所謂的明星球員，這也許能為你的團隊帶來即戰力，但你還是必須承擔團隊文化融合的風險。

管理者的困境

- 老闆一直要我趕緊培養出接班人選，還特別強調：不然我可能沒有機會可以再往上晉升到更高的職位。但回頭看看目前團隊中的成員，每個人的表現就是中規中矩，也沒特別的突出，我哪知道哪個人可以來接我的位置？
- 部門今年有一個非常重要的專案，我知道這個專案需要團隊的協力合作才有辦法如期如質的完成，但當我在部門會議宣布這件消息時，每一個部屬都說：我今年的工作負荷已經很重了，應該沒辦法再協助這個專案了！甚至還有人說：老大，你不要一直包工程啦！我們現在的人力根本做不了那麼多事情啦！沒有任何一個部屬想接這個專案，難不成要我自己做嗎？

- 部屬 Kevin 是我的得力助手，從我招募他進來公司的第一天開始，我就知道這小夥子是個不可多得的人才。學習新東西的速度快、我交辦的每一項工作從不延遲時程、舉一反三的領悟力根本不用我多費唇舌，更難能可貴的是他待人處世的態度與分寸，掌握的非常得體且大方。這麼一匹曠世的千里馬，我該為他安排一個更好的位置、更大的展現舞台，才不會埋沒了這個人才、或讓他覺得委屈有志難伸。但 Kevin 卻對我說：老闆！我覺得我現在的生活過的挺好的，也很喜歡目前的工作狀態，謝謝老闆的欣賞跟提拔，但我現在根本沒有想要晉升的渴望欸！而且當主管太累了啦，到時候說不定我都沒時間去山裡露營了！
- Owen 是上個月才加入團隊的新員工，為了讓他可以快速進入戰鬥狀態，我花了很多心力在協助 Owen 儘快步上軌道並完成任務，如果他不趕緊進入狀況，勢必會影響整個團隊的業務運作，這可不是一件好事。但其他部屬卻覺得我是有私心的特別偏袒 Owen！這些部屬怎麼這麼小鼻子小眼睛啊，若不是為了整個團隊的進步，我哪裡需要對 Owen 進行這些特別輔導呢？

- 近期團隊的績效面臨雪崩式的下滑，不僅造成士氣低落，甚至聽說已經有成員待不下去了，也已經開始著手找下一份工作了，這些消息無疑是雪上加霜啊！
- 我有一個感情非常好的團隊，每個成員都很任勞任怨、恪守本分，也不太會給我出亂子，遇到特殊任務極度繁忙的時候，根本不用我開口要求，大家都會願意主動留下來加班，想辦法把任務完成。我知道每個成員都非常認真、態度也非常配合，但每次產生出來的績效總是停留在六十分的基本門檻，我是多麼希望可以進步到八十分啊！他們都已經如此盡心盡力了，如果我再加碼用力的要求會是對的事情嗎？

「Achievement：進行有效打擊」與「Relation：塑造正面關係」，你可以透過不斷地學習與練習讓技巧更為精進，然而再怎麼精煉純熟的個人管理技巧，仍然需要團隊做你堅強的後盾。如同《西遊記》裡頭所說的，所謂好手不敵雙拳，雙拳難敵四手，即使再有本事，一個人也敵不過眾人的力量。我遇過不少個人績效非常優秀的管理者，但一接手團隊之後，整體的表現就失常的非常厲害，甚至完全喪失以往的迷人光彩。我一直認為從個人走向團隊、從專業走向管理的路上，這轉換當中存在著一個巨大的鴻溝，如果不調整思維來加以因應，摔下這道鴻溝是必然的事情。

當你從績優的個人工作者，被拔擢成為一個團隊的管理者時，你必須深切認知到你已經從原本的純粹專業技術導向工作內容，轉變到「以人為主」的工作方式。從前只要自己努力完成工作即可，現在則必須要開始指導與教導他人，並一同完成工作任務。在你擔任員工時，你可以盡情地表現自己，展現才華並貢獻亮眼績效，但是成為管理者的那一刻起，你則必須要造就團隊的整體榮耀！團隊需要你穩定掌舵，因此你必須開始具有全面思考的能力，撇開過去獨善其身的思維，你得想方設法讓團隊處在一個有效率、有效能的團隊氣氛之中。

「Achievement：進行有效打擊」與「Relation：塑造正面關係」屬於個人技巧，如同我們前面所提到的，就算你有本事一直轟出全壘打，但未必能為球隊帶來最終的勝利。在修練完個人戰技之後，你必須開始擴展自己的影響力，讓整個團隊可以因為你的關係，「複製」出更多像你一樣優秀的管理者。在「Team：強化團隊與牛棚」這個章節，將告訴你可以執行的三個重點：首先是「看清球隊的現況」，你必須知道目前團隊的狀態與面貌，才知道應該給團隊什麼樣的養分使其滋長，提供過多的養分不如提供適當的養分。「挑選潛力球員」將告訴你如何識人，你得有能力識別出團隊中的良馬與劣馬，才有辦法進行因材施教的管理與領導，因為一視同仁的帶領與教導，將使你陷入更大的困境。「打造堅硬的牛棚」代表你必須打造出自己的農場，開始儲訓自己的菁英選手，並在適當的時機讓他可以上場表現。倘若沒有優秀且穩定的後備選手可以替換你，你將只能讓自己永遠待在球場上，不僅沒有喘息的休息時間，也將沒有機會站上更高的舞台。

看清球隊的現況

在談團隊之前，我想先請你為「GROUP」與「TEAM」這兩個英文單字做個解釋與說明，並思考這兩者哪裡相同、或是哪裡不相同？這個問題將有助於你重新認識團隊這個字眼。

相信大家都有跟著旅行社出國旅遊的經驗，想像一下你在上午九點拉著行李來到了桃園機場的第二航廈，旅行社的集合通知告訴你需要在三號櫃檯集合、並跟領隊領取機票，當你走到三號櫃檯前，看見一位年輕男子身上背著〇〇旅行社的旗幟，你知道他將是你此次出遊的領隊，此時他正與前面二十多位的群眾開心地閒聊著，這群人你並不認識，但你確定他們將是與你同行前往北海道出遊的團員們。這群即將一起同行前往北海道、並且要共度五天四夜行程的一夥人，請問這是「GROUP」還是「TEAM」？我經常在課堂上請教學生這個問題，答案選擇的比例通常是五十%對上五十%，大家都會說它們是完全不一樣的含意，但究竟是哪裡不一樣卻又說不出個所以然。取巧的回答是他們的中文解釋不同，一個是團體、另一個是團隊，除此之外，我似乎很難再聽到進一步精闢的說明。於是我會再丟出第二個問題：請問，今天在公司訓練教室裡聽我上課的你們一共有四十人，請問這四十個人是「GROUP」？還是「TEAM」？我可以清楚看到這些人臉上有趣的表情，以及得到非常與眾不同的答案。

我們勢必要釐清「GROUP」與「TEAM」的差異，才有辦法將追隨我們的部屬們帶往團隊的方向。喬恩・卡岑巴赫（Jon R. Katzenbach）與道格拉斯・史密斯（Douglas K. Smith）在一九九三年的《團隊的智慧：創建高績效組織》（*The Wisdom of Teams: Creating the High-performance Organization*）當中為團隊下了一個定義，即「團隊是具有互補技能的一小組人，他們致力於共同的目的、績效目標與方法並相互負責。」而文中的角色模型說明，相信有助於大家進一步的理解。[18]

你的責任是將所有的成員凝聚成一個團隊，然後眾志齊心地往目標邁進。然而團隊的發展有其複雜性，何時該展現強勢鐵腕、何時該溫柔以對，都將影響團隊發展的面貌，因此

卡岑巴赫與史密斯角色模型（一九九三）

構面	團體	團隊
領導者	有一位正式而強有力的領導者。	領導者的角色由團隊成員輪流擔任。
成員責任	只擔負個人的成敗責任。	同時擔負個人成敗及團隊成敗責任。
目標	團體的目標與組織使命相同。	團隊自己有其特殊的目標。
工作成果	注重個人的工作努力成果。	注重團隊集體的工作努力成果。
會議過程	只著重進行有效率的會議。	著重進行鼓勵每一個人參與討論、充分溝通，並在一起解決問題的會議。
績效評估	績效評估以個人表現為依據。	績效評估以集體的工作成果作為衡量的依據。
工作方式	在經過討論及決策後，授權個人去進行任務。	在經過討論及決策後，大家共同完成任務。

你該診斷團隊目前的狀態，並依據不同的狀態施以不同的管理方式，如同嬰兒在成長的過程中，每個時期需要不同的食品與養分，才能長的健康又茁壯。美國心理學教授布魯斯・塔克曼（Bruce W. Tuckman）在一九六五年提出了團隊發展四個階段（Tuckman's stages of group development）的概念，認為團隊發展會經過四個階段，在開始接觸、面對衝突、適應與協調整合後，才能有良好的績效表現。這些階段分別是：形成期（Forming Stage）、風暴期（Storming Stage）、規範期（Norming Stage）、表現期（Performing Stage）。[19]

團隊發展的歷程

為了讓大家更容易了解這四個階段的發展與進程，我先用一個愛情故事的場景來簡單說明，再回到團隊管理實務上的應用。

①形成期（Forming Stage）

一對單身男女相遇，也彼此互有好感，正處於戀人未滿的時期，就是典型的「形成期」。這個時期的男人為了博取對方歡心，通常會做很多浪漫貼心的事情，像是：主動安排美食餐廳或熱映電影；為對方開車門方便女性下車，甚至會出手護著對方頭部避免撞到車門；下雨天會主動撐傘，傘面全部遮在女性的身上，自己淋的全身濕也沒關係；而女人為了赴約則會稍微化妝打扮一下，讓自己看起來美麗又極具魅力；吃飯用餐的時候，合宜得體地展現優雅姿態。處於這個時期，雙方都將展現自己最好的一面，自己有的一些缺點將會適時地掩蓋，希望可以獲得對方的好感，這樣才有機會往下一個階段邁進。因此形成期也是試探期、觀察期，雙方會儘量維持在一個表面和諧的狀態，因此不太容易看到實際真實的面貌。經歷過了觀察與試探，覺得彼此都挺不錯的，便確認了彼此正式的男女朋友關係。

②風暴期（Storming Stage）

因為已經是正式的男女朋友了，便開始會有一些期待、要求，也更願意說出內心的一些想法，目的當然是希望更加了解彼此的想法，為了共同的未來一起努力。為了充分的溝通，以前不會說的可能現在都會說了，以前是配合現在成了妥協，溝通的過程中便開始出現了爭執與吵鬧，若再加上情緒失控的狀況，就看彼此是否有足夠的智慧來化解了，此時兩人的關係進入了所謂的「風暴期」。

因為願意說，就難免會出現意見相左的時候，形成期時的隱性情緒會逐漸浮現成為顯性衝突，雖然知道彼此提出來的想法都是為了磨合，但有時候內心的情緒就是過不了這一關。面對風暴期所產生出來的震盪，通常就是兩種結局，能夠彼此理解、包容、耐心地傾聽並給予良善的回應，便能夠繼續往下一個階段「規範期」前進；若震盪過度以至於無法再繼續相處下去，便只能高唱分手快樂，兩個人分別回到原點，與下一個有緣的對象從第一階段「形成期」重新開始。

③規範期（Norming Stage）

經歷過了形成期與風暴期，吵也吵了、鬧也鬧了，對於對方也有了更深一層的認識，想著對方就是有一些壞毛病、爛習慣改不了，但自己似乎慢慢習慣了，覺得自己也不是要找一個完美一百分的人，何況自己也是有些缺點挺不好的，能夠體諒彼此已經是很幸福的事情了。

規範期就是彼此都清楚知道對方的行事風格與框架，你別觸及我的紅線，我也不硬踩你的地雷，包容彼此的獨特性並給予欣賞，也更能感受到這份伴侶關係的溫暖，情緒上的不愉快和衝突也將會減少許多。

④表現期（Performing Stage）

到了這個階段，兩個人的默契日趨純熟，對眼一望就知道對方在想些什麼，彼此之間有著良好的互動機制及自我驅策動力，為著兩人的未來設定了目標、也依照時程慢慢的將一件又一件事情完成。穩定的情感在你心裡成了強大的支柱，儘管遇到困難與挑戰，兩人都有信心可以解決所有的問題。

團隊管理的應用

將以上的情景套用在你的團隊管理上，你或許可以意識到自己目前所帶領的團隊正處於哪一個時期，也可能開始思考，既然已經知道團隊目前正處在這樣的階段，那做些什麼可以協助團隊往下一個階段邁進呢？我們就進一步來看看團隊發展的四個階段，在工作實務上的面貌與操作技巧。

①形成期（Forming Stage）

當你加入一個新的團隊擔任主管、現有團隊有新的成員加入，或是進行一個跨部門合作專案，團隊便進入形成期的階段。回想一下當你還是新進員工的時候，你不見得會有話直說、直言極諫，因為你還在熟悉這個剛加入的團隊，你需要感受一下團隊的溫度與氣氛、想要知道一下其他工作夥伴的行事風格與脾氣、想要了解哪些事情是可以做的、哪些事情是禁忌絕對不要做，你需要獲得足夠的資訊才能告訴自己接下來該怎麼做。

如果你的團隊處於這個階段，由於彼此之間的熟悉度還不夠，你所需要做的事情只有一件：**破除藩籬，拉近距離**。讓團隊成員彼此之間多些互動與交流，消除陌生的緊張感與不安，並感受到我們就是一個團隊的氛圍，以促進信賴與認同感。舉辦一些小型的聚會活動、創造一些非正式溝通的情境機會、讓成員清楚明白工作職責與相關內容、安排部門小導師或學長姐制度，都可以有效地降低形成期所帶來的陌生感與疏離感。

②風暴期（Storming Stage）

雖然風暴期的種種現象，像是質疑、挑戰、衝突等，讓身為管理者的我們真的不太好受，但這是團隊發展的必經之路。既然避免不了，不如寬心面對這些爭執與衝突，你該知道有所衝突並非總是壞事，它反而可以讓你更清楚知道痛點是什麼。

風暴期讓你看到團隊氣氛的高漲，只是這高漲的方向通常不太對，像是：開始互相責難、有人際小圈圈出現、產生內部競爭、當下雖有共識但後續爭執不斷等。面對這樣的情況，你該著力於：**強化成員之間彼此的信任，以及有效的解決問題，吵歸吵鬧歸鬧，工作還是要完成的。**讓團隊成員學習開始尊重彼此之間的差異、耐心傾聽他人的想法，以及鼓勵跳脫既有的框架，都可以避免讓團隊總是陷在泥沼裡而無法自拔。另外，適時重申團隊的目標與價值觀，也可以讓團隊進行校準、回到完成工作任務的軌道上。

如果你無法有效處理團隊的風暴期，那人員的頻繁流動將會是你極大的困擾。當你好不容易找到一、兩個符合期待標準的新人加入團隊，卻無法順利度過風暴期的種種現象而又離開。這將使你與你的團隊「一直處在形成期與風暴期之間來回擺盪」，團隊的不穩定不僅影響績效產出，對於士氣也是沉重的打擊，儘快度過風暴期並快速往規範期移動，會是你在這個時期的重要任務。

③規範期（Norming Stage）

當團隊能夠前進到這個階段，代表團隊已經具備某種程度的成熟度了。成員彼此之間有著更多的包容與協作，面對異議也願意耐心地深究背後的原因，團隊氛圍更加友善、更加信賴、更加願意分享內心的想法、甚至是祕密，意氣之爭與情緒的責難將會大幅減少，取而代之的將會是建設性的批評。這個時期你該做的事情是**創造更多的分享與回饋，並進一步整合人員與工作，並鼓勵團隊進行創新，此時你可以加強激勵的力道，開始為表現期的衝刺爆發做好準備**。

這是一個算是舒服、且充滿希望的時期，你會發現夥伴之間相處得更為融洽，願意有更多的討論與想法激盪，並且更加熟悉相關的工作規範與要求。你可以協助部屬放下更多的包袱，給予肯定與讚賞，讓他們更具信心與成就感，藉以激發團隊的熱情與當責態度。

④表現期（Performing Stage）

這個時期你將看到所謂的「高績效團隊」。保持開放的態度、坦誠地進行溝通、即時反應與回饋、資訊更加的公開透明，都將是你在這個時期可以看到的現象。團隊會有種使命必達的氣場，願意為了達成目標去合力挑戰每一個艱難的關卡，並在登峰時一起享受榮耀與成就感。當團隊發展到這樣的階段，除了努力維持讓團隊繼續保持在這樣的狀態，你還有一件很重要的事情要做，那就是**確立價值與願景，並設定下一個階段（新階段）的目標**。

維持現狀並沒有不好，但容易讓團隊陷入舒適圈的心態與習慣，當你聽到團隊中有這些聲音時：我們已經做得很好了啦！在公司評比裡面，我們團隊已經是非常棒的團隊了！這樣保持下去就可以了，也不用再特別去調整什麼了！你就該有所警醒了。

你可以重新宣誓團隊的願景與價值觀，也可以協助部屬探索其人生宗旨或價值觀，讓個人願景有機會與團隊願景、企業願景更靠近，藉此啟發部屬內在更深層的動機與渴望。休伯特・喬利（Hubert Joly）與卡洛琳・藍柏（Caroline Lambert）在《商業的核心：下一個資本主義時代的領導原則》（*The Heart of Business: Leadership Principles for the Next Era of Capitalism*）一書中提到一個觀念：定型心態與成長心態，很值得我們加以思考並運用在團隊管理上。[20]

- **定型心態：**
  - 商業界多半追求「最好」或是「第一名」，正是定型心態者的病徵。
  - 獨占鰲頭的觀念意味著這世界是一場零和遊戲。
  - 如果一心一意只想營造完美形象來獲得優越感，就會因為害怕失敗而不想接受挑戰，因而錯失學習與成長的機會。
  - 等你坐上第一名的寶座，之後又如何呢？除了退步，你已經無路可走。

● 成長心態：

- 完美的人代表沒有弱點，但沒有弱點就沒有真正的人際連結。
- 追求完美不僅無法創造偉大成就，反而往往成為阻礙成功的絆腳石。
- 不知道就是不知道！這沒有什麼不對。我隨時可以學習，去試著找出答案。
- 我沒說我永遠沒辦法知道，我只是「現在」不知道。

別讓你的團隊處於定型心態，停止學習與創新的團隊，總會遇到走下坡的一天，將成長心態的思維帶給你的團隊吧！布魯斯・塔克曼在一九七七年為團隊發展加上了第五個時期：休整期（Adjourning Stage）[21]，代表團隊將會面臨調整、重整或是解散的情況，也許是人員調整，也可能是任務調整，工作中我們常見到的輪調制度、人員借調、職務調動、退休以及離職都是。掌握好團隊的脈動、看清楚團隊發展的型態、感受團隊的氛圍與溫度，是你管理團隊的第一步，也就是我們所說的先試試水溫，接下來該做些什麼就會清楚些。

挑選潛力球員

伯樂，春秋中期郜國人。在秦國富國強兵的政策下，作為一名相馬師而立下了汗馬功勞，身受秦穆公的信賴，被封為「伯樂將軍」，還寫下了中國歷史上第一部相馬學著作《伯樂相馬經》。唐朝的韓愈〈雜說〉說：「世有伯樂，然後有千里馬。千里馬常有，而伯樂不常有。」到底是先有千里馬，還是先有伯樂？其道理不言而喻。

我經常遇到學生問我以下這些問題：

- 老師，現在的員工不僅很難找到，好不容易找到了卻又不成材，我花了很多的心思培養他們，但他們學習速度這麼慢，怎麼上得了檯面啊！

● 今年老闆交給我們部門兩個新專案，我盤點了一下部門內的所有成員，竟然沒有一個人有能力可以接手，搞得我什麼事情都得自己來。不是說巧婦難為無米之炊嗎？我現在就是這副慘樣！

● 沒有人，公司又不補；沒有人才，人資又辦不了有效的訓練，是要我們這些部門主管怎麼辦？

我完全可以理解這些管理者們的痛苦，手上沒有有用能幹的兵，的確是刺在心頭上的一根針。但是，你的部門有三十幾個人啊！怎麼會沒有人呢？你的部屬當中難道真的沒有人才嗎？有沒有可能其實部門裡有著一大堆人才，只是你眼盲發現不了他們存在？你花了很多時間跟心思去培養他們，你是否有確認自己的教法是有效還是無效的嗎？人力資源單位辦的訓練課程不夠給力，發展人才不力的鍋全部放在人資夥伴的身上，這是合理的嗎？

伯樂思維代表你需要具備識別人才的能力，深入了解每一位部屬的強項與弱項，你才有辦法針對個體因材施教，才有辦法進行部門人力盤點，才能將部隊做最有效的編制與布局。

盤點球員狀況

很多企業在推行關鍵人才計畫或是接班人計畫時，經常會使用人才九宮格的作法，人才九宮格以績效表現作為X軸，潛力發展作為Y軸，發展出一個九宮格矩陣，後續辨識每位關鍵人才或接班人候選人位於九宮格的落點位置，進而得出整體人才樣貌的資訊。

對於我們這些手上士兵有限的管理者，我們不需要、也做不了這麼大的矩陣來分析辨識，但我們可以依循這個概念，試著發展出小矩陣來加以運用，好讓我們可以清楚知道團隊成員的樣貌。行為學家保羅．赫塞博士（Paul Hersey）和肯尼士．布蘭查德（Kenneth Blanchard）在一九六九年提出「情境領導理論」（life cycle theory of leadership）當中的成熟度概念，便很適合發展作為人力盤點的工具。我們將X軸設定為能力，將Y軸設定為投入度，便可以發展出以下這個矩陣。

分布在四個不同區塊的員工，各有不同的行事風格與心理狀態，當你將團隊的所有成員依據能力與投入度這兩項維度的高低，依序放入這個矩陣裡，當你看到整個成員分布圖之後可能會驚訝一下：哇！原來我的團隊是長成這個模樣！這將可以刺激你在團隊管理上有更多的想法，並協助你去思考下一步應該怎麼排兵布陣。至於如何分辨能力與投入低的高低層次，可以用以下的指標加以判斷：

人力盤點矩陣

高↑投入度↓低		
高	低能力 高投入	高能力 高投入
低	低能力 低投入	高能力 低投入

低←能力→高

- **能力**：可以細分為「專業知識」與「學習能力」兩個部分。專業知識指的是，在其目前負責的工作項目與專案上，他的相關知識與操作技巧到達何種水平。學習能力則是指如果需要接觸並學習新領域的知識與技巧，學習與反應的效能是偏高或是偏弱。
- **投入度**：可以細分為「成就動機」與「自我信心」兩個部分。成就動機指的是，面對被賦予的工作目標與責任，是否具有興趣與熱情，自我驅策的動力是強烈或是薄弱。自我信心則是面對目標、困難與挫折時，能否有足夠的信心與信念願意挑戰與突破，對於自我評價採取正向的思維。

除了以上的基礎指標可以協助我們分辨員工的成熟度，花些時間來具體了解每個區塊員工的面貌型態與細節，也有助於我們進一步的分析與判斷。以下將針對每個區塊加以闡釋說明。

①低能力、高投入（左上）

對於工作目標或任務具有高度的興趣，有躍躍欲試的衝勁與熱忱，但是缺乏熟練的技巧與相關經驗。他們對於工作上的一切充滿好奇，也渴望儘快學習能夠進入工作狀態，當你交付任務給他們的時候，通常可以聽到：我願意試試、沒有問題的、我一定會全力以赴這一類的答案，有時你還會被這股奮進感動。然而硬實力的專業與經驗不夠充足，卻也的確是他們在此時的硬傷。

他們對自己充滿著信心，然而這樣的信心是來自於期待與希望，並非實力支撐與正視現實；有時也會因為激情過度，而忽略了自己的無知。在進行複雜的專案會議時，他們會覺得沒有什麼是不可能的，認為只要大家團結一心、展現出不屈不撓的毅力與耐心，眼前的這一切都不是問題。我們當然肯定他們初生之犢不畏虎的勇氣，卻也擔心工作執行上發生虎頭蛇尾的狀況。正因為投入度與能力上的落差，往往造成工作成效的表現不如預期，如同有人說過這麼一句話：當你的能力撐不起你的夢想時，你就該好好學習了。一般而言，新進員工或學校剛畢業的新鮮人較容易落在這個區塊。

②低能力、低投入（左下）

光是這樣的字眼，如果真有員工落在這個區塊，我相信你一定非常不想見到他，甚至欲除之而後快。但我們需要先釐清關於「低能力」這個觀點，所謂的低能力，並非代表他的能力值是零，**低能力說明的只是技巧生嫩還不夠熟練、或是目前的能力無法達到預期的標準**。

位於這個區塊的員工，其實（曾經）試圖想要做出一點成績，但通常還沒做出成績前就自我放棄了，很容易讓身為管理者的我們覺得他真的只是曇花一現、或只是一個扶不起的阿斗。因此你可以在他身上看到無力的挫折感、沮喪氣餒到臉上沒有絲毫的笑容、對於眼前的未來充滿著困惑與焦慮、沒等到你開口他已經把自己批的一文不值。但並非總是如此，有時候他們還會反向操作一下，開始質疑工作安排的適切性，開始責難他人都不願意伸出援手等，反正千錯萬錯都是別人的錯，這是典型的受害者症候群上身了。

回顧我自己過去的管理經驗，面對這樣的同仁，我總認為自暴自棄就是成長過程中的一個階段，我願意給你一些時間好好沉澱與反思，讓你在不受太多干擾的環境下，重新調整一下心態、或是將相關能力技巧加以提升強化，我們可以一起期待東山再起的那一天。如果這樣的期待可以成真，我真心覺得那是天大的好事，但好事成真的機率總是不高。我最常遇到的都是具備「放毒」能力的高手，在團隊裡傳達負面情緒與不正確的資訊、放話造謠並阻礙工作進度的推展，若不及時下手開鍘處理，毒素一日蔓延就真的更難處理了。

③高能力、低投入（右下）

對於工作目標或任務，已經具備良好且完善的技巧，要順利產出績效並非難事，但成就動機薄弱，認為有完成手上的工作就已經是有所交代，難以建立當責的態度。

我們必須承認這種類型的員工是能幹的，而且可以對團隊績效有所貢獻，但前提是：他必須要願意。

這樣的員工與其他夥伴保持著一定的距離，讓人覺得冷漠且不易親近，做事風格也異常的謹慎小心，但他的謹慎思考並非是為了工作的完善度，而是要清楚分析在這件事情上，自己到底要承攬多少工作內容與責任。他或許會直接告訴大家：該負責的我一定會負責，但不在我工作範圍內的，我也無能為力；換言之，他只做自己有把握的事情，沒把握的一概不碰，柿子總是要挑軟的吃啊！如果你非得要他接下艱鉅的任務挑戰，他會要求遊戲規則要講清楚，甚至主管要加以背書。你很難從他身上感受到所謂的熱情與企圖心，甚至你會覺得他就是一副等待退休養老的模樣，儘管現在他才四十歲。會出現在這個區塊的同仁大多是部門中的資深員工，有沒有能力做事？當然有，有沒有豐富的產業經驗？當然有，那你希望他多擔待一點，他就是覺得沒必要了，那把青春旺盛之火早就燒光了。

④高能力、高投入（右上）

顧名思義，工作能力上的專業與經驗可以以一抵十，具有渴望成功的強烈動機，並且信心十足不畏懼挑戰，這是我們心目中的理想員工、明日之星，更是我們預期中的接班人選。在他們的身上，我們可以看到曠世奇才的模樣，心智成熟且獨立自主、對於自己有合理的自信而非自傲、肯為自己設定更高且更具價值的目標，甚至願意主動協助他人以求共好，我們殷切盼望等待的千里馬就在這個區塊。面對這樣的員工，我們唯一能夠做的就是為他鋪好未來的發展之路。

被扼殺的千里馬

當你透過人力盤點矩陣了解每個員工的實際樣貌後，我相信你一定開始思考相對應的管理方式，並希望趕緊著手進行，該提升能力的趕緊學習，該調整心態強化動機的趕緊找來聊聊鼓勵一下，讓所有的員工以最快的速度往左上方的千里馬區塊邁進，進而打造一個千里馬團隊。在這之前，我必須提醒你一件非常重要的事情，你需要知道：關於員工成熟度的發展階段，需視工作目標或任務而決定！如果缺少了這個觀念，你很可能在無意間扼殺了許多千里馬而不自知。

我想跟你分享一位好朋友 Jason 的故事（以下簡稱 J），他是典型被扼殺的千里馬。J 是一位在業界非常優秀的人才，熱情豪邁、對工作充滿著高度企圖，有著亮眼成就卻又謙虛待人，一直是我努力學習的對象。在公司一次的人才評鑑裡，J 被評為高潛力人才，也就是「高能力、高投入」的明日之星，是公司大力栽培的未來接班人。

公司一直想要成功開發越南市場，這個任務需要一名猛將來擔任開路先鋒，便徵詢了 J 的想法。當時 J 是有些猶豫的，公司願意賦予重任，給予難得的機會與舞台，心裡除了興奮外，也真心期待自己能立下顯赫戰功。但考量到孩子還小，也不想錯過孩子的童年，是否接受這個外派的決定，著實在J的心中產生極大拉扯。在幾次溝通會議之後，公司顧及J的考量，支持並安排J全家三人都到越南，並提供食宿學習相關協助，讓J能兼顧事業與家庭。

到了越南，J開始深入市場，觀察消費者的行為習慣、與當地供應商進行交流並洽談初步合作、招募當地員工並親自教導訓練，所有業務如火如荼地展開。忙碌與緊湊的工作不斷壓迫J的精神與體力，但J卻十分享受這樣的壓力感，並自信地認為新的局面即將展開。

過了三個月，業務推展並未如預期中的順利，供應商只願意提供部分資源與情報，召聘的當地員工遲遲無法進入狀況，甚至陸續的離職，當地網路行銷公司的方案效果更是慘不忍睹。儘管如此，J認為面對陌生的市場，初期挫敗難免，這也是累積經驗的機會，調整一下策略絕對有逆轉戰局的機會。公司也鼓勵J再接再厲，在海外能得到總公司的鼓勵，J的內心感到非常感動與感謝。

過了半年，業務情況並沒有好轉，J的心裡開始充滿挫折感，花了大把時間與精力居然沒做出什麼成績。想起半年前準備勇闖越南時，身邊那些老同事在歡送會上用欣羨的眼神預祝自己攀登另一個高峰，而現在卻搞成這副德性，心中真的覺得無顏見江東父老。J省視發現自己過去那套戰無不勝的業務技巧，在越南市場根本發揮不了作用；帶領團隊的管理方式，這邊的員工也不吃這一套。以前公司內戰力滿點的將軍，在這裡變成一個小白。我真心佩服他驚人的旺盛鬥志，面對這樣的劣勢心臟依舊很大顆，頗有沒拿下城池絕不復返的將軍豪氣（以自己跟J熟識的程度，其實我可以明顯地感受到，他已經從半年前的「高能力、高投入」，轉變成現在的「低能力、高投入」狀態了）。

再大的雄心壯志也不一定能抵擋市場的現實與殘酷，接下來的發展並沒有童話故事的完美結局。我知道J很努力地思考如何快速進入市場，並融合當地企業發展出一些可行方案；但我也知道，在這一年多的時間裡，總公司承諾給予的奧援已經跳票不少次，這對於Ｊ來說無疑產生了莫大的傷害。兩年後的某個週日午後，我跟Ｊ坐在東區的咖啡廳喝著曼巴咖啡，他跟我分享這一段越南星艦迷航記。當我聽到他說：為何當初我要答應公司去越南呢？這是一個賭注，而我賭輸了……，現在，我已經不在高潛力人才的名單裡了……。我可以看見Ｊ心裡那道巨大的裂痕，也看見那雙曾經燦亮的眼神如今已然黯淡（我相信你也應該發現到了，他從最初的「高能力、高投入」，轉變成「低能力、高投入」，到現在成了「低能力、低投入」的狀態）。

這兩年Ｊ所經歷的過程，我雖感嘆他的際遇，卻更加感嘆一匹充滿卓越才能的千里馬，在組織未能妥適安排、資源未能即時到位、經營者對越南市場的搖擺態度等原因下，最後被打入駑鈍之馬的行列。千里馬變成了劣馬，組織其實難辭其咎。

雖然人力盤點矩陣有助於我們了解目前團隊成員的現況，但正因員工成熟度的發展階段，必須視工作目標或任務而決定，**因此，現在被你歸類為「低能力、低投入」區塊的同仁，有極大的可能是因為你教導方式不恰當所造成的，因為沒有一個人在剛**

加入一個組織或團隊時，就是這樣的模樣狀態。如果真的一開始就是「低能力、低投入」，你會雇用他的機率根本趨近於零，不是嗎？身為管理者的我們，應該極力避免這樣的情況發生。如何正確的施以因材施教的管理領導策略，除了避免千里馬消失的憾事發生，同時也打造出自己堅強的後備牛棚，便是我們應該好好細心研究的學問。

打造堅硬的牛棚

在授課多年的經驗中，我永遠記得那麼一位小鄭經理，那是在華為的杭州培訓基地針對經理人進行為期兩天的管理培訓課程，這位小鄭利用中午課休時間的一個半小時，黏著我請教了一堆管理上的問題，結果那天我們兩個都沒有吃到精美的午餐。

小鄭告訴我：老師，我到公司五年了，去年獲得公司的肯定因此升上了經理，我很努力做好主管應該做好的每一件事情，但一直有個困擾沒有得到很好的解決。我知道身為一個管理者，是要「透過他人來完成事情」，千萬不要事必躬親什麼事情都自己來，我也很希望能夠將事情儘量交由底下的員工來完成。但是經過一段時間之後我發現到，底下這些員工的能力似乎都很有限，對我交辦的許多工作任務，不管是效率或是品質方面都很難達到要求的基本標準。怎麼現在的員工學習能力都這麼差呢？我以前還是普通員工時也不會這樣啊！想要得到一個不錯的人才來幫自己，真的是太難了。結果現在，部門的一些重要項目都掛在我身上，這實在是不合理也不正常啊！

我有跟老闆報告這樣的情況，認為我們的單位應該多加補強好的人才，好的人才好用、才能做出成績嘛！我也有跟培訓單位的主管反映，應該多辦理一些跟我們技術相關提升能力的課程，不然怎麼提升我們的人力素質呢？都半年過去了，問題還是一樣沒得到解決啊……。

我可以強烈感受到這件事情對於小鄭的困擾，也想要快速有效處理這樣的難題，不然他不會強力剝奪我的午餐與休息時間。在回答小鄭的問題前，我丟了幾個問題給他，讓他先好好思考一下。

- 補進人才就能根本解決你的煩惱嗎？那你覺得需要補多少人才足夠呢？為此你需要增加多少的人力成本呢？這樣的投資報酬率高嗎？
- 技術相關能力的課程，以華為這樣技術領先的企業，培訓單位有辦法找到比你們自己更厲害的老師嗎？
- 培養好的工作能力跟素養，究竟是員工自己的責任？公司的責任？培訓單位的責任？還是你的責任呢？

小鄭的難題其實告訴我們一件事情，牛棚的打造需要靠我們自己，外界的任何支援只是輔助。因為我們自己最清楚優秀的牛棚選手應該具備哪些條件，既然如此，我們就必須重新看待「培育」這件事情。

牛棚培育體系

員工的培育發展到底是誰的責任，這是共業，員工、企業、培訓單位跟身為管理者的我們當然都有責任，只是偏重的角度不同而已，在培育的三大體系裡分別運作著。

①工作中教導（OJT：On The Job Training）

指的是在工作現場所進行的實地指導，也就是所謂手把手的教學，促使員工將教導所習得之知識、技能與工作串接在一起，這種方式通常由直屬主管扮演教導的角色。這種方式適合與自身相關的知識與技能訓練，對於主管來說，可以針對每個員工的學習進度與狀況，調整教授的內容與方式，達到因材施教的效果。

困難點在於主管必須花費大量的時間與心思事先做好相關的「準備工作」，如果沒有做好這些準備工作，經常會發生這樣的狀況：

- 不知道要教什麼，想到什麼說什麼，說明過程沒有重點跟邏輯。
- 想教的東西太多了，時間又不夠，導致一下子內容說得太多或太快，員工根本來不及消化。
- 你很認真說你想說的，員工就是靜靜地聽，形式上看起來有教，但缺乏相關的示範或是試作，員工無法理解執行相關細節。
- 只能從自己的經驗出發，無法梳理出一個架構或是流程，讓員工聽起來覺得艱深複雜很難懂。
- 自覺自己的經驗都還不夠，想要教也不知道要教什麼。
- 覺得自己很厲害、自視甚高，覺得員工不受教，造成員工的緊張不安與壓力。

為了避免以上的情況發生，運用「工作中教導」這個方式來培育部屬，你最好把握三個重要原則，分別是：以實際執行的**工作內容**為主、以**員工的需求**為出發點、有

計畫性的安排與執行。為了落實這些原則並讓教導更具成效，我們經常會使用PESOS流程（披索流程）來協助我們。

• Prepare（準備）

如同前面提到，進行培育教導是需要做好準備工作的。首先，你要先了解員工的學習需求（須強化的地方）是什麼，然後開始準備相關的教學計畫（學習目標、內容、預期效益、檢核機制等）、預計的時程進度表，如果可以也請提供給員工一份學習計畫表，讓他清楚知道每一個學習階段學習的究竟是什麼，以及跟他目前負責工作的關聯在哪裡。接下來便要準備相關的行政作業，包括要使用的工具或系統、是否需要特殊的場地、雙方時間的安排等，當然還有一件很重要的事情，就是好好準備你的心情與態度。

PESOS 教導流程

Prepare 準備 → **E**xplain 解釋 → **S**how 示範 → **O**bserve 觀察 → **S**upervise 督導

• Explain（解釋）

在進行教導的過程中，首先你需要先解釋「WHY」，千萬不要只是對員工說：就是這樣做就好了、反正你就照著做。就算是固定流程的產線作業、或是例行事務，你也需要讓員工知道為什麼這麼操作，這樣操作對整體流程的影響或重要性是什麼。再怎麼平凡無奇的工作內容，你都應該利用這個機會賦予意義與價值，「你就照做」不僅限制了員工的思維發展，也澆熄了他對工作原本具有的熱情。因此當你下次在教導員工時，如果遇上員工頻頻發問為什麼，請務必展現你超凡的耐心與愛心，讓他可以清楚知道整個來源始末與關鍵，如此將可以大幅降低他日後工作上的疏失與錯誤。你也可以正面讚賞他主動提問的態度，畢竟他肯開口問總比什麼都不問來的好，不是嗎？

第二個需要解釋的是「WHAT」，針對工作內容說明相關作法、執行要點以及應該注意的事項，特別是工作流程中的關鍵點，以及容易疏失或產生錯誤的地方。在這個部份如果你可以設計出一些好記誦的架構、地圖或是口訣，那將是非常棒的一件事情。

• Show（示範）

不妨回憶一下自己當年學開車的過程，如果駕駛教練在教室裡對你詳細說明行車過彎時的要點、爬坡起步的應注意事項、切換檔位的訣竅，然後就讓你自己去開車上路練習，會是什麼樣的結果呢？我相信當你坐在駕駛座上，你還是丈二金剛摸不著頭緒，根本不知道該如下手。同樣的，在工作教導的過程中如果缺乏了示範，你就是提高了員工日後工作上的風險。如同政治哲學家王陽明所說：「要知，更要行，知中有行，行中有知，所謂『知行合一』，二者互為表裡，不可分離。」知必然要表現為行，不行則不能算真知。

為了讓示範的過程達到更好的效果，在你說明與示範之後，你應該留下空間與時間讓員工進行試作，並在嘗試練習的過程中給予引導與協助，若發現練習過程不如預期，也以分享的態度給予建議跟回饋。

● **Observe（觀察）**

這是教導過程中的復盤階段，在他親自操作任務之前，請他先說明該工作的要點是什麼，讓他再次操作一次給你看，以確認員工是否已經完全理解。同時，你也應該觀察該員工的成長速度如何、舉一反三的能力如何、學習潛力如何，來確認原先訂定的教學計畫是否需要調整。

● **Supervise（督導）**

當員工開始進行工作任務後，我們通常都會覺得能教的都教了、該教的也都教了，教導工作已經結束，也沒什麼其他事情要做了。其實完整的教導還有最後一個步驟：「督導」。這個步驟提醒你應該要持續關切員工的執行狀況，並確認該工作績效是否符合相關指標，甚至在必要時適時地出手干預。**「督導」是確實收尾的過程，是主管當責態度的展現**，絕對不是我該做的都做了，然後就沒我的事情了。

如果員工的表現與適應相當良好，你可以逐步減少干預，並挑選適當的時機放手，讓員工在工作崗位上好好發揮其才能，這裡需要注意的一點是，放手前請事先告知員工，畢竟他需要時間做好心理準備的。

②工作外教導（Off JT: Off The Job Training）

相對於「工作上教導ＯＪＴ」的教導場域位在工作現場，而「工作外教導Off ＪＴ」就是不在工作現場的教導，我們一般也稱之為「教育訓練」。就是把有相同訓練需求的員工集合在一起，大家暫時離開自己的工作崗位（或統一集中在訓練教室），給予實施整體之培訓，這種類型的操作通常會由組織內的培訓單位來負責。

如果說ＯＪＴ是「因材施教」的培育發展，那Off ＪＴ就是「一視同仁」的訓練發展。因為是集體訓練，比較無法針對個人的學習需求來安排培訓內容，因此「工作外教導Off ＪＴ」的方式比較適合以下三種類型的課題：

- 原則性、基礎性課題：像是公司簡介、勞動安全法令、作業流程管理、資訊安全規定、洗錢防制法等。
- 高度專業知識或技能：像是無線射頻晶片技術設計實務、演算法的實務運用、Python 物件導向應用等。
- 新知識領域或趨勢：AI產業的發展、數位轉型的基礎工作、5G關鍵技術發展與趨勢、數位辦公新商機等。

③自我啟發（SD：Self Development）

這部分指的是員工自發產生動力的學習成長。

若期待組織裡的員工能夠不斷地進步成長以致卓越，直屬主管可以透過「工作上教導OJT」來補足其能力，組織可以透過「工作外教導Off JT」舉辦不同類型的訓練課程來強化其能力。但我們必須認真看待一件事情，那就是我們就算操作再多的

ＯＪＴ或Off ＪＴ，關鍵還是在於員工自己本身是否擁有自發動機與上進心，願意掌握自我需求與能力狀況，進而自我要求並發展出自己的學習模式。

在員工培育的三大體系裡，管理者最常運用的是Off ＪＴ，在忙碌的管理工作中這是最省事的方式，反正交給培訓單位就好，員工若沒有進一步的成長，甚至還會自我安慰一下：我非常鼓勵員工去多上課喔！但是培訓單位沒有安排出好又有效的課程啦！我看過太多認真盡心舉辦訓練的夥伴，最終免不了仍是要背上一大堆辦訓無效的黑鍋。

若想要快一點看到培育的成效，你應該選擇ＯＪＴ這個方式，因為員工每天都在你的眼皮子底下，你最清楚他目前工作上的缺點、盲點在哪裡，你過去豐富的經驗可以立即灌輸在他身上，讓他可以少走很多冤枉路。因此若想要好好培育員工，你千萬不能懈怠懶惰，你千萬不能只把責任丟給培訓單位，你的投入與身體力行將是最有效的培育方式。

雖然我們不是員工「自我啟發ＳＤ」的執行者，但是我們可以當一個**啟動者**，若我們可以成功啟動員工願意去進行「自我啟發ＳＤ」，將可以使之前的ＯＪＴ與OffＪＴ產生數萬倍的效益。

管理牛棚兩招式

在上一個章節我們提到了「人力盤點矩陣」，以能力及投入度來區分員工的成熟度階段，這也告訴我們管理者為了有效提升員工的工作績效，為了打造出更堅實的牛棚選手，我們可以從「提升工作能力與技巧」與「提升投入度與動機」這兩個方面來著手。接下來我要教你辨識你的兩種管理行為：指示行為與支持行為。因為管理行為是否適切的運用將會影響你的管理成效，不妨將你經常運用的管理行為與下面的行為比對一下，你將可以清楚知道你到底運用了哪一種管理行為。

● 指示行為

- 訂定工作目標。
- 擬定工作計畫並安排時程表。
- 釐清工作項目的優先順序。
- 進行示範與教導，並告知如何進行。
- 釐清工作職責、說明決策的方式。
- 監控工作進度並衡量其績效。
- 針對成果給予回饋與建議。

● 支持行為

- 耐心傾聽部屬提出的問題。
- 表達欣賞、給予肯定與讚美。
- 分享關於組織與目標的資訊。
- 鼓勵公開透明，並願意以開放的心態進行溝通。

- 分享以往的經驗，並建立夥伴間的互信關係。
- 探詢員工的意見與建議，並適時讓員工參與決策。
- 協助員工獨立自主地解決問題。

我相信為了讓團隊與部屬更好更進步，以上的這些管理行為你一定都嘗試使用過，如果你覺得為什麼這些方式都用過了卻還是成效不彰，那不代表你不用心或不努力，很可能是你的**運用時機**出了問題。**如果你想「提升工作能力與技巧」，你應該多運用「指示行為」；若想要「提升投入度與動機」，你就應該多運用「支持行為」**。換言之，面對員工的工作能力不足、技法不夠熟嫻，如果你大量使用支持行為，在他的身旁當個啦啦隊不斷地鼓勵與勉勵，其實是不會有太顯著的效果。面對員工缺乏成就動機、看不到他願意展現挑戰企圖心，你運用自己習慣的指示行為，更加用力地鞭策、設定更高標準的目標，也點不燃他內心那個搖搖欲墜的火苗。管理者因為職責與任務，工作時間被切割的極為分散與破碎，拿著同一把斧頭去砍不同科目的樹，將會浪費你太多寶貴且有限的時間，面對不同情況去展現不同的管理行為，你將可以獲得管理上的槓桿效應。

制定發展計畫

個人發展計畫（Individual Development Plan，IDP），是將培育發展的精神加以實際落實的方案。你需要具備在這個章節前段所提到的思維（伯樂識人思維、培育發展三大體系的連結）、技巧（進行教導的PESOS技巧、指示行為與支持行為的運用）與相關能力（辨識員工的成熟度、人力盤點矩陣），才能做好為員工量身訂製的個人發展計畫。進行個人發展計畫的目的，在於激發員工的工作積極性和創造性，強化員工對於工作任務的把控能力，以及提升自我價值的實現與超越。

個人發展計畫的進行可以分為三個階段，分別是第一階段的目標設定、第二階段選擇預計進行的方式，以及第三階段的成果檢核與運用，走完三個階段的時程大約是半年（可視需求縮短或加以延長）。挑選一位你預計培育發展的員工，向他說明你將為他進行個人發展計畫的原因與目的，接下來就可以進行第一階段的目標設定。

①目標設定

第一階段需要釐清的是要發展的項目為何，依據員工工作職務上所需要的知識、技能與態度，找出目前比較弱及以及比較強的職能項目，並思考未來工作上需要的能力技術，加以訂定發展目標，缺點加以改善強化，優點則可以持續再進階優化。像是：強化當責心態（態度）、學習其他部門（或業務）的作業流程（知識）、精進問題解決手法（技能）。發展目標的設定最好能夠符合SMART原則，因為目標越清楚明確，後續的執行力道會更強。另外，這個階段的對談也深深影響著被發展者的參與意願與動機，因此你需要強調說明這麼做對你個人的好處是什麼，對於公司與團隊的幫助是什麼。

②選擇預計進行的方式

第二階段則是選擇預計進行的方式，依據以往的操作經驗，會發現將近九十%的管理者在這個部分通常會是寫上「安排相關的訓練課程」，彷彿好好上課是能力發展的唯一途徑，似乎好好上課就能藥到病除。實際上，你可以選擇的發展操作方式實在是有太多的選項了，像是：自我進修學習（閱讀、EMBA）、觀摩他人作法（實習、參訪）、詢問請教他人（資深主管、學長姐、業界前輩）、安排他人輔導（高階主管擔任Mentor或Coach）、參加課堂訓練（內部訓練或是外部訓練）、參加相關的研討活動（官方、學界、產業界）、在職訓練（參與新創專案、擔任PM、擔任小組長或小老師）等。我曾經安排過一次很特別的進行方式，那就是參加一場馬拉松（全馬）並且完賽，或許你可以嘗試推測一下我為他設計的發展目標是什麼。當進行方式確定之後，建議你再多問三個問題來確保發展的成效：第一個題目是：「你打算如何在你的工作上，應用出所學到的知識、技巧或能力？」；第二個題目是：「若要完成這些計畫內容，你認為你可能會碰到什麼樣的阻礙或是挑戰？」；第三個題目是：「為了讓計畫順利進行，你會需要什麼樣的支援或資源？」。這三道題目是為了讓你有效協助被發展者能夠確實且順利地進行計畫，並將潛在的影響因素（像是家庭因素、健康因素等）加以消弭，彼此都花這麼多時間與精力來進行發展計畫，就必須確保它能完成。

③成果檢核與運用

最後一個階段便是成果檢核與運用，如果進行方式是專案的執行，就該檢視專案的成果如何，而專案的成功經驗還可以運用在哪些地方；如果是自我進修或是上課培訓，就該有知識的學習與產出、或是取得相關的證照，能否運用在擔任內部講師的角色；如果你是交付他進行指導他人的任務，當他表現得極為稱職時，你就可以考慮接班備位的運用了。這個階段除了檢核與運用，如果你能加上回饋與引導，將可以使整個發展計畫更為完整。你可以用以下這些問題來引導被發展著更進一步的思考。

- 你有成功學到了知識、技巧或能力嗎？原因是什麼？
- 你覺得這個過程對你自己本身以及組織或團隊的好處是什麼？
- 在這個發展的過程中，有哪些出乎你意料之外的學習呢？
- 你對自己這次的發展感到滿意嗎？原因是什麼？
- 經過這一次的發展計畫，當下一次再進行能力發展時，會不會有不一樣的作法？

「Team：強化團隊與牛棚」，在於提醒你不要整天喊著都沒有人可以為你分憂解勞，沒有人知道你的辛酸與痛苦。你應該暫時停下來回頭看看自己的團隊，是不是有人已經被忽視埋沒已久；提醒你就算你個人的能力非常強大且優越，你就該有本事複製出像你一樣優秀的人，光芒總在你身上並不代表你是個好的管理者。提醒你就算是非常不放心團隊自行運作、或者你根本就是一個細節控制狂，你也不該事必躬親，最後燒得精光的不是團隊，而是你自己。把心思放在你的團隊上，關心團隊裡的每個人並好好地發展他們，為你自己與工作夥伴打造一個堅強的後盾，讓彼此可以放心的繼續往前衝刺。你一定要知道在前行的路上，除了你，還有團隊。

第六章

Healthy：做好健康管理

世界需要的是「你」，而不是你認為「應該成為」的人。

面對放下與接受轉變，不只需要勇氣，

還需要擁有願意跳脫既有框架的思維。

這個球季已經過了四分之三，若按照目前的情勢發展來看，全壘打王這個獎項應該是非你莫屬，而球隊戰績進入總冠軍賽也沒有什麼太大的問題。你信心蓬勃地希望在接下來的場次，繼續揮出個人生涯的最佳紀錄，甚至挑戰聯盟成立以來高懸未破的歷史紀錄。球團與球隊正處於士氣高昂的階段，對於今年殺進總冠軍賽進而奪冠都充滿了興奮與期待，大老闆甚至豪氣的說：只要今年成功奪下冠軍，每個人加發二十萬的獎金。大家對於今年總冠軍看來是勢在必得了，身為團隊中優質重砲手的你，看到此時的情景，不僅覺得自己這些年的努力終於沒有白費，也深深覺得跟這些夥伴們一起並肩作戰的感覺真是棒極了。

今天是季後賽的最後一場，轉播單位在現場強力放送一個訊息：你只要今晚再擊出一支全壘打，將會創造一個全新的聯盟紀錄，打破二十年來從來無人達成的單季五十轟紀錄。這次你站上了打擊區，全神貫注緊盯著投手投來的每一顆球，你抓到了一個絕佳的攻擊機會奮力出棒，可惜角度差了一些，打出了一支往一二壘中間奔去的滾地球，你快速的往一壘壘包飛奔而去，心裡想著就算沒有全壘打，至少也要憑著速度衝出一支安打，就算有可能出局也要拚拚看。你當下選擇用撲壘的方式搶下那關鍵上壘的〇．一秒，你趴在一壘壘包上，耳邊聽到壘審傳來一聲ＳＡＦＥ，你終於鬆了一口氣，正準備起身拍拍塵土整理一下的時候，你開始覺得有點不對勁了。

你發現自己的左手完全動彈不得，只能用右手支撐自己勉強起身，球隊防護員趕緊上場檢查你的狀況，經過評估後認為應該立即到醫院做詳細的檢查。總教練指示換代跑上場接替你的位置，你聽到球迷為你歡呼，卻也只能懊惱地退場。經過醫師的詳細檢查，檢查檢果顯示：左肩關節唇發生撕裂，至少需要休養三個月以上才能復原，於是球團決定暫時將你下放二軍好好靜養。你雖心有不甘卻也不希望造成球隊的負擔，這樣的安排也意味著你已經無法參加接下來的總冠軍賽了。

管理者的困境

- 今天在公司的員工大會上，我上台領取了一座獎盃，這是公司頒發給我年資十年的久任獎勵。三千多個日子，似乎這麼一眨眼就過去了，看著台下的老闆用著欣慰的眼神看著我，我知道，這十年來我的努力並沒有讓他失望。同事們開心的向我祝賀，還開玩笑地說我這顆長青樹活的真漂亮。其實我心中充滿了疑惑，我想不起這十年來自己到底幹了什麼大事，也不知道我哪裡活的漂亮了？我，還要在這裡繼續下一個十年嗎？
- 最近這兩個月的睡眠品質挺糟糕的，不知道是不是因為接下了X專案的關係？當初主管找我接下這個專案的時候，坦白說，我是挺猶豫的，也挺想拒絕的，因為我根本完全沒有任何信心跟把握，可以把專案順利規劃好並執行。當初的心軟換來現在的痛苦，我感到極度的焦慮，也已經不想再花任何心思在X專案上了。

- 今天聽到一個驚人噩耗，A事業處的Bill處長走了。他才四十三歲欸，還是公司的HIPO（高潛力人才），未來的明日超級巨星就這麼消失了，真的是令人難以置信。記得在半年前的公司運動大會上，他還拿下本居運動會的全馬冠軍，聽說他體脂率只有八%，體能又勇猛的誇張，怎麼說走就走了？
- 看著自己手上這份公司健檢的個人報告，顯示我有嚴重的脂肪肝，提醒我應該避免高油、高糖飲食，應該充分攝取蔬果，應該積極進行有氧運動。看到這樣的結論，我真的覺得好無奈。我知道公司有健身房，距離也就是搭個電梯就可以到，重點是我根本沒有時間可以去。每天線上行事曆都是滿到爆的會議，一下老闆要召見、一下客戶要救火，一下隔壁部門的好兄弟David要我幫個小忙，哪來的悠哉時間去健身房。如果我真的跑去健身房運動了，一定會聽到：喔喔！不錯喔！還有時間可以上健身房運動欸！我可不想因為運動這種小事而聽到這種略帶嘲諷的言詞。我知道公司設置健身房是很好的福利，但對我來說，這個福利純粹只是觀賞用，因為我根本連一次都沒有進去過。

● Jocy是我團隊中非常重要的一員，本質學能的優秀已經無庸置疑，更難得的是，她永遠將團隊目標置於個人目標之前，不貪功、不驕傲，更願意協助其他團隊夥伴一起完成被交付的任務與目標。這個團隊正因為有她的存在，我時常都會覺得就算休假兩個月，也完全不用擔心。但最近這兩月，我覺得Jocy變了，她變得異常的暴躁，對於夥伴的態度也不如以往的友善，就像是一隻長滿尖針的刺蝟，一靠近她便會被扎的遍體鱗傷。身為主管的我，想要了解她這兩個月是否發生了什麼事情，她完全拒絕與我的溝通。一個月後，Jocy主動找我私下面談，告訴我，她得了抑鬱症。

「你」是啟動一切的主角

關於管理者應該具備的觀念知識與相關可以操作的技巧，在之前的篇章我已經全部說完了。在最後「Healthy：做好健康管理」的這個章節，不談組織、不談團隊，只談你這麼一個人。不管是個人工作者、或是在管理位階的職務上，我們每天花費了大量的時間與精力，去思考著如何讓企業團隊創造更亮眼的績效，去探索著自己或團隊的發展是否還有更多的可能性，去關注著跟著我們一同前行的夥伴們是否得到他們所想要的，我們陪伴這一切的時間遠遠超過陪伴我們的家人與好友，我們很少、甚至沒有留下一分一秒給自己。我們負重戮力前行，卻忘了好好想想負重的自己還能夠撐多久。

我從小就是一個完美主義者，當你幫我設定了一個目標，我會加碼為自己設定一個更高的目標，如果有機會做到盡善盡美，那絕對是我想要達到的境界。我在從事業務工作時，曾經連續十個月沒有放過一天假，所謂的週六跟週日在我的眼中就是一般的上班日，我想要創造最佳績效，甚至想要創出無人能破的一切紀錄。在專業幕僚的人力資源工作上，我經常為了確保專案的執行成效忙到凌晨而不自知，半夜一、兩點搭著計程車回家，隔天早上八點半參加每天例行的主管會議是家常便事。身邊有太多的好友以及前輩時常提醒我，你應該讓自己好好的休息一下，但我覺得自己不需要休息啊！我是一隻隨時滿血的蠻牛，隨時隨地都想衝刺奔跑。我嘗試過讓自己稍微放鬆或小小休假一下，但每當我看著鏡子中那個閒置下來的自己，我真心覺得他怎麼跟廢物一樣，不僅毫無產值，還在無所事事地悠晃著。撇開我到底是不是有強迫症的取向，但我的確很認真、也很用力地經營我的工作、經營我的團隊。

每天被會議、專案、業績目標追著跑，每天看不到太陽升起或落下的忙碌生活，我真心覺得這種把握住每一分每一秒的感覺，讓我感到無比的充實。直到了二十一年後的某一天，我突然發現到一些迥異於以往的現象：

- 我一直追逐那些漂亮且令人稱羨的數字，因為它代表我的努力付出、代表我一次又一次立下的戰功。但現在在我眼中，這些數字就只是數字，頂多加上一些逗號、小數點跟百分比，它已不再代表某種特殊的意義或是價值貢獻。
- 團隊成功完成一項大型專案，成員們邀約大肆慶功快樂一番，看著他們辛勤的付出有了如此甜美的成果，我心裡比他們還要高興萬分，我融入他們雀躍的氛圍，大口吃肉、大口喝酒，不到不醉不歸難以盡興。但現在面對這種場合，我還是依照慣例出席同樂，卻似乎已經習慣了在一旁欣賞他們的歡樂。

- 那一張張塞滿各地行程的年度行事曆，是我看了都會不自覺微笑的泉源，有新的議程就再塞滿一些，有新的任務就再多飛幾個城市，這些行事曆的重量就像 101 大樓的阻尼器，讓我備感穩定地堅守每一個需要我的崗位。但現在看到滿滿的行程，總會想要刪除掉幾個行程，也覺得有些會議就算我不參加也沒有多大的影響，一天只開一個會議變成我現在的嚮往。

- 房間裡上千本的書籍，陪我度過了無數次工作中的短暫空檔，它們給了我大量的知識養分、提醒與啟發。但我現在看到它們，連書的封面也不想翻開，更別說細細閱讀了，因為我發現無法再從中獲取到任何的養分。我曾經自費報名參加很多的培訓課程，希望從其他優秀的人身上，萃取其成功經驗並自我轉化應用，但現在看著網頁上一堆的進修課程，我卻不知道自己到底還應該學些什麼？

是的，這個時候的我，突然頓時不知道自己到底在追求什麼了，我也可以明顯感受到內心那把曾經猛烈的企圖火焰，現在已轉成了小小的火苗，可怕的是，它還在持續萎縮變得更加渺小中。團隊成員私下告訴我：老大，我現在感受不到你的霸氣欸！就是那個熱情度、就是那個想要贏的企圖，你是怎麼啦！要不要好好休息一下啊？身為一位團隊管理者，我知道我的一言一行以及每個動作或是表情，都將大幅影響團隊的氛圍與士氣，但我真的無能為力。此時夥伴們善意關心的這些話語，讓一直自詡是個職場模範生的我，在心中清清楚楚地聽到那座模範獎盃爆裂的聲音。我知道，這次事情大條了。

球場上的得與失

我們也許善於管理他人，卻未必懂的管理自己。

我們也許善於關懷他人，卻未必捨得關懷自己。
我們也許善於啟發他人，卻未必了解啟發自己。

時速五公里的世界

面對「要不要好好休息一下啊？」這句話，以往我的回答都是否定的，而這次我選擇了接受。在二〇二〇年十月底，我想給自己一個機會，給自己一個沉澱的空間與時間，探視自己 Reset 的功能是否還存在。我沒有選擇怡人的海島度假或是山林小木屋來休息放空，反而選擇了相對艱辛困苦（實際上是痛苦煎熬）的方式，我踏上徒步環島之旅。

二〇二〇年十一月四日上午八點整，我從台北市的信義區往北方出發，打算以順時鐘的方向來走這一趟旅程，這一路上發生太多意料之外的事情，也發現台灣的民眾真的是非常善良又熱情。我既不是藝人也不是網紅，卻仍然沿路收到很多的礦泉水以及運動飲料，還有濱海公路上的一大包名店油飯。我每天就這麼步行三十幾公里，行前做好的旅途計畫（哪裡可以休息、哪裡可以住宿過夜、哪裡有景點可以晃晃）完全派不上用場，才走到第二天我就把這細心整理的旅途計畫給丟了，如果你也想這麼走一遭，請記得注意加油站與便利商店在哪裡，會比所謂的景點更加重要。當腦袋中只單純想著一件事情「一步一步的繼續走下去，可以慢，不能停」時，我發現原本腦中塞滿的一大堆雜亂東西，開始逐漸的被加以釋放與淡化，最後漸漸地消失不見。這段旅程耗費我大量的體力與時間，卻讓我換取到更多心靈上的空間，並得以放入全新的元素與養分。

我永遠記得在旅程的第三天，那是一個艷陽高照的好天氣，我在上午七點半從東北角的福隆出發，預計一路南下走到宜蘭礁溪，期待著晚上能夠好好地泡個溫泉。我沿著台二線濱海公路一路往南走，也才走到第三天，雙腿已經劇烈疼痛到要炸掉的地步，還要加上兩個腳底合計冒出的六個水泡，這讓我痛到在路邊咬牙嘶吼著，那一輛又一輛從身邊呼嘯而過的砂石車卻讓我的嘶吼顯得如此的微不足道，原來，我是如此的渺小。我就這麼緩慢地行走著，大腦只剩下基礎運作的功能，那就是避開那些無視速限的瘋狂飆速車輛。在經過一個公車站亭時，我卸下背包喘息著，喝口運動飲料、含個鹽片略作休息，我突然看見在前方的海平面上，有著一座非常漂亮的島嶼，原來你就是龜山島啊！我好像從來沒有這麼靠近、靜靜地欣賞過它，它泛著青綠色的光芒，那山丘高低起伏的幅度曲線原來這麼美，我很想好好欣賞它的美麗，但如果不抓緊時間繼續趕路，我很可能就要夜宿在路邊了。頂著三十多度的高溫，也讓登山杖頂著我持續的沉默前行，下午三點半我走到了外澳沙灘，非常疲累的坐在路邊的石頭上，含著鹽片低著頭，看見額頭上的汗水一滴又一滴地劃過我的眼前，然後滲透消失在腳下的黃土上。這汗水緩慢落下的情景有讓我學習到了什麼嗎？並沒有！我想，這並不像坐在教室裡好好上課學習，可以好整以暇地慢慢思考體會、消化吸收台上老師給予的知識與提醒。在現在這個當下，我根本沒有多餘的體力與心思去想到這些，我只能想到給我足夠多的水分，最好這些水分能立即補充我快速消耗的體力，只希望我的雙腿可以再堅硬給力一點，腳底板足夠厚到感覺不到任何疼痛。最好，還有一間冷氣房跟一張軟軟的床。

但就在下一秒，當我抬起頭望向前方時，我在海平面上看到一個令我難以置信的畫面，那座美麗的龜山島依舊在我的眼前散發著綠色光芒。在那一個片刻，我愣住了，也泛起一些複雜的情緒。我不知道是該心懷感激的對它說：謝謝你陪伴著我一路走來將近六個小時；還是該忿恨不平的對它說：我都已經拼命走了六個小時了，你怎麼還出現在我眼前啊！

當你用時速五公里來看世界時，你將會看到從未見過的畫面，你將會感受到許多不同的情緒，你將會重新思考為什麼以前都看不到這些東西。不妨問自己一個問題，如果把時速五公里的速度，放在你漫長四十年的職場工作上，你認為你會看到哪些風景呢？

休息不是為了讓你走更長遠的路

我經常問學生一個問題：休息，是為了什麼？在我得到的答案當中，九十九・九九%的同學會回答我：為了走更長遠的路，這句俗諺似乎一直根深蒂固地存在於我們的腦海裡。但是，為什麼不能「休息，就真的只是休息」呢？如果你無法專注於休息這件事情，無法將自己已經偏離正常軌道的心理與生理狀態加以調整，你根本就沒有機會去看到未來的路。

①重建休息態度

我想起一位小和尚的故事。在深山裡有一座古寺，為了維持寺廟的正常運作，每個和尚都被分配相關的任務需要完成。其中有一位小和尚，他的工作便是每天早上負責將寺廟院子裡的落葉清掃乾淨。

每天清晨天未亮就要特別早起去清掃院裡所有的落葉，對小和尚來說實在是一件苦差事，特別是遇到秋天與冬天這兩個季節，那更是更加痛苦。秋冬的季風讓小和尚非常苦惱，每次好不容易掃成一堆的樹葉，大風一颳就把樹葉吹的跟沒掃過一樣，每次都要花上三、四倍的時間才能清掃完畢。他一直苦思這個問題，希望能想出一個好辦法讓自己輕鬆一些。

有天師兄看到小和尚如此的苦惱，便跟他說：你明天要打掃之前，就先用力地搖樹，把樹上的落葉通通先搖下來，這樣你後天就不用使勁掃地了。小和尚一聽，這可算是一個好辦法啊！於是第二天他便起了個大早，然後使勁地搖晃院子裡的每一棵樹，這樣他就可以把今天跟明天的落葉一次掃乾淨了。

第二天一早，小和尚走到院子裡一看，他無法相信自己眼中看到的景象，因為今天的院子和往常一樣，落葉依舊布滿各地。他落寞地望著頭頂上的這些樹，完全無法理解自己在這之前做了這麼多努力，為什麼卻還是無法改善清掃落葉這件事情。老和尚走了過來，對小和尚說：「孩子，無論你今天怎麼用力，明天的落葉還是會飄下來。」

在職場上經歷了這麼多年，面對工作與生活上的諸多挑戰與難題，我完全知道我可以預先規劃很多事情，但我也清楚地知道，有很多事情是無法提前的，也不要為自己預支明天的煩惱，唯有認真地活在當下、享受當下，才是最真實的人生。可惜的是，我從來就沒有把「休息」這件事情當作一回事，更不會把它放進我的規劃當中。

馬克思・弗蘭佐（Max Frenzel）跟約翰・費奇（John Fitch）在《留白時間》（*Time Off*）一書中提出了「休息態度」這個觀點，提醒我們：

為了前進，有時你得停下來。良好的工作態度並不代表二十四小時隨時待命工作，而是完成你所承諾的事、每日合理的工作量、尊重你的工作、顧客、同事。不浪費時間，不為他人製造不必要的麻煩，成為團隊中的拖油瓶。[22]而以下方式可以協助你找到你自己的休息態度：

- 並非只是少工作一些。
- 更有意識地分配時間。
- 尊重自己需要「停機」。

- 建立明確界線並勇於說「不」。
- 給自己時間、空間來醞釀點子。
- 重新定義成功對你的意義。

②擁抱獨處哲學

被認為是有史以來最偉大的德國詩人和作家之一的歌德（Johann Wolfgang von Goethe）曾說：「人可以在群體中得到教育，卻只有在獨處時才能獲得啟發。」在經歷獨自徒步環島的旅程後，我似乎更加認同獨處哲學這件事情。獨處，是讓自己處於一種獨特的狀態，這個狀態將不會受到外界的任何干擾，這個狀態可以讓你的思維與心靈在無限的空間裡任意自由飛翔著，而這也正是突破既有框架、跳脫舒適圈的絕佳機會。

這一場徒步環島，無疑是我送給自己一個最好的禮物，送給自己一段完全休息的旅程，讓我重新認真地問自己一些從沒想過的問題：

- 我用真心與耐心把熱情的溫度傳遞給身邊的每一位工作夥伴，那麼，我提供了什麼樣的溫度給自己呢？
- 我花了好多時間去傾聽員工的心聲，並希望能給予一些協助，那麼，我上次好好聆聽自己內心的聲音是在什麼時候呢？
- 我經常提醒部屬們花在工作上的時間與心思，應該要好好控制，並盡量遠離加班這件事情，鼓勵他們應該多留一點時間給家庭親人與孩子、嗜好及興趣與一直想做卻還沒去做的事情上，那麼，我自己有這麼做嗎？
- 我告訴身邊的每一位朋友，生活其實不用想的這麼複雜，能夠好好吃上一頓飯、能夠好好睡個安穩覺，吃飽睡好自然神清氣爽，這就是最好的幸福。我卻不記得上次一覺安穩到天亮是在哪一天！

不管是個人管理者，或是擔任團隊的管理者，你一定會發現一個鐵律，那便是我們沒有那麼勇猛的可以油門一路踩到底拼命向前衝刺。在衝刺的初期，我們在當下的確獲得了驚人的爆發力，但卻也失去了可以持續獲得成果的持久力。如果你喜歡三國的故事，一定會知道最後三國分立局面的贏家是司馬懿，當年曹操死了、他還活著；曹丕繼任了六年然後死了，他也還活著；到最後曹睿、諸葛亮都死了，司馬懿依舊活得好好的。先不管司馬懿到底有多麼傲人的經世治國之才，光是「活的夠久」這個看起來私毫不起眼的條件，就讓他熬死了一堆英雄豪傑，最終成了晉朝的開國皇帝。致勝的關鍵在於安靜柔和的持久力，而非驚天一響的爆發力。

我知道你內心有個小小的夢想、有那麼幾個推動自己前進的目標、有很多想要去試試看卻還沒行動的事情，當然，你也還有很多在工作與生活上不得不去處理與面對的事情。面對這麼多的事情，如果不能先將自己照顧好，這些事情終究無法被完成。你明白自己並不是可以二十四小時不斷運作的機器，因此你需要為自己建立起適時的休息與修復的機制；同時你也明白就算窮盡一切的努力，你也無法完成所有的事情，因此，你還需要建立起減法的思維。

減法比加法好的多

在第二章「熟悉球場」當中提到，策略的核心精神與基本思維在於「取捨」，特別是當中的重點在於「捨」、而不是「得」。當你什麼事情都想要做、什麼東西都想沾個邊試一下，然後告訴自己至少都有想過、也都嘗試接觸過了，這種方式或許能讓內心暫時充滿了安全感與安慰感，但其實什麼結果都沒有留下。在幾次的校園演講中，我經常鼓勵大學生多去接觸與探索不一樣的領域，多去嘗試與體驗未曾經歷過的一切，但有個前提是，不要一股腦地像個無頭蒼蠅隨處亂竄。就算是探索，你也該想清楚到底要探索些什麼。或許我們從小就一直被灌輸並強化 more and more 的基因，分數越多越好、獎狀越多越好、才藝越多越好、選擇越多越好，「少」，似乎成為了不完美的代名詞。

當不斷疊加的加法思維用到極致，甚至產生一些不良影響的時候，那將會是災難的開始。此時的你，就應該開始練習減法思維了。

面對學習與發展，過去你總是在想：自己還需要學些什麼才有競爭力？還需要精進與強化什麼管理能力？下次不妨換個想法：什麼東西不要再花時間學習了？什麼管理能力不需要再精進與強化了？

面對工作與事業，過去你總是在想：我需要做些什麼才能提升績效？我需要加碼什麼才能讓事業版圖變的更大？下次不妨換個想法：我可以排除並少做哪些什麼事情，好讓自己的績效火力更加集中？我可以降低哪些耗費與成本，讓獲利率可以更好？

面對夥伴與團隊，過去你總是在想：我還需要指點與提醒他們什麼？我應該增加什麼激勵措施讓團隊士氣更加旺盛呢？下次不妨換個想法：其實，他們不需要我再指點與提醒他們什麼了？刪除哪些流程、調整哪些制度，可以讓團隊更加開心快樂呢？

試想一下，你是一位團隊管理者，部門裡的每一個部屬都跟著你的指揮調度來執行運作，當你附加太多的東西（工作責任、挑戰企圖、追求完美等）在自己身上，而導致自己呈現一個不健康（生理與心理）的狀態時，你的決策與指揮將會失去清晰的考量、你的表現將會失去應有的水平、你的壓力將會不斷地移轉至部屬身上、你的心態將會影響團隊的前進步調。團隊運作該具備的正向循環消失了，更糟糕的是，你還是這個負向循環的啟動者。

放下是一種學習，放下是一種體悟，放下也是一種勇氣。我相信你是一位非常優秀的管理者，但請別期待與要求自己為眾人撐起這一整片天，你或許撐的了一時，但絕對撐不了太久，在你崩塌的那一刻，埋葬的絕對不是只有你自己，而是把整個團隊拉著一起陪葬了。放手給你的部屬，放手給你的團隊，相信他們遇到困難時有相互扶持的能力，相信他們遇到挫敗時有自癒的能力，相信他們遇到難題時有找出解方的能力。**你可以關心，但不用太關心；你可以指點，但不要指指點點。有時犯點疏失與過錯反而是學習的絕佳機會，面對工作是如此，面對生活與家庭亦是如此。**有勇氣，不容易；有勇氣面對自己，更是困難。世界需要的是「你」，而不是你認為「應該成為」的人。面對放下與接受轉變，不只需要勇氣，還需要擁有願意跳脫既有框架的思維。

避免心力耗竭

願意放下，是讓自己避免發生心力耗竭（vital exhaustion）的狀態，艾希莉・史塔爾（Ashley Stahl）在《別做熱愛的事，要做真實的自己》（*You Turn*）一書中提到心力耗竭將會引發以下五種狀況：[23]

- 無力感：代表你感覺自己無法控制狀況，這往往會觸發絕望感，最終導致辭職或是麻木。
- 疲倦感：可能是因為缺乏睡眠或只是缺乏適當休息。
- 寂寞感：這代表你可能欠缺能支持你、傾聽你訴苦或愛你的一群人。
- 缺乏目標：這表示無論在私生活或工作中，感受不到為何得在某件事情上投入時間。

● 自我貶低：意指你不相信自己能執行某個任務，因此，你會在工作上（或生活中）不斷嘗試感覺自己有價值。

如果以上的五種狀況曾經出現過在你的身上，那也代表心力耗竭曾經侵蝕過你的生活，這是一個特別的訊號，可別再讓加法思維充滿了你的工作與生活。當加法已經無法讓你活得更加輕鬆自在，開始試著運用減法思維將是你可以為自己所做的第一件事。放掉一些你看的到的有形，將可以讓你獲得更多的無形，更可以讓你將有限的精力聚焦在真正應該處理的問題上。

蓋瑞・凱勒（Gary Keller）與傑伊・帕帕桑（Jay Papasan）在《成功，從聚焦一件事開始》（*The One Thing*）書中提到關於聚焦這件事情，有著很特別的思考觀點：[24]

「我現在的一件事是什麼？」每天你剛醒來和接下來的一整天都要問自己

這個問題。這會幫助你聚焦於最重要的工作，並在你需要時幫你找到「具有槓桿力量的行動」，或者任何活動中的第一張骨牌。而聚焦問題的簡單公式：我能做哪一件事，做了之後，其他每件事就會變的比較容易，或者不必做？……。

不妨開始思考一下，在你目前的工作上，對於自己、對於團隊，那個「具有槓桿力量的行動」是什麼？如果你真的想不出來，跟你的工作夥伴一起討論將會是一個很不錯的方法。只要你能夠找出這些具有槓桿效益的行動，意味著你已經找出最重要也最關鍵的二十%的工作事項，而這二十%的工作行動將可以為你創造出八十%的績效成果。當你只需花心思關注在二十%的工作上，也代表著你將有更多的時間來休息沉澱，或是有充裕的時間來思考下一步。

職涯的歷程與時間，遠比你想像中的還要久，在這麼漫長的職場生涯裡，希望你能理解減法思維對你個人、以及整個團隊的好處，如果你願意更進一步在工作任務與團隊管理上開始運用減法，我想那是最好不過的事情了。「給我一個支點，我可以舉起整個地球」（give me a place to stand on, and I will move the Earth），達文西在二千三百年前已經告訴我們答案了，不是嗎？

再次登板的關鍵

說到棒球場上的台灣之光，王建民一定榜上有名。

王建民在二〇〇五正式登板大聯盟，穿著黑白條紋相間的洋基隊球衣真是帥氣逼人，當時只要有王建民上場的比賽場次，我一定守著電視看著實況轉播，那種隔海聲援的熱情與激動，到現在我還記憶猶新。在二〇〇六年，王建民在大聯盟投出十九勝的佳績，與明尼蘇達雙城隊尤漢・山塔納（Johan Santana）並列為全聯盟最多勝投手，並且超越南韓投手朴贊浩在二〇〇〇年創下的十八勝成績，創下亞洲籍投手在美國職棒大聯盟單季最多勝紀錄。二〇〇七年更是入選為「時代雜誌二〇〇七年全球百位最有影響力人物」。

右腳掌中間的蹠跗韌帶（Lisfranc ligament）扭傷，右肩關節囊的韌帶撕裂（Right Shoulder Capsule Ligament Tear），這些傷勢讓王建民直到二〇一一年才能夠再次代表華盛頓國民隊重返大聯盟。能夠再次登板，絕非是一件容易的事情，尤其是面對傷病纏身的漫長時刻，這種什麼事情都幹不了，只能乖乖靜養的過程，特別令人的內心感到折磨。我們能否還能記得當時的初衷呢？還能保有當時的熱情嗎？還能維持高昂的鬥志與自信嗎？

如果你在工作發展上，一路都是極其順暢無比，那我得恭喜你是那百年難得一見的天選之人。但幸運的天選畢竟名額有限，絕大多數的人們難免都會在努力向上的過程中，遭遇到茫然與迷惘的情境，如同行駛在迷茫大霧中的一艘船，困在原地而不敢輕舉妄動，也很難快速地找出應該繼續前進的正確方向。此時，唯二能夠帶領我們突破現況迷霧的，便是眼前控制台上的諸多指針與羅盤。

指針提供了「刻度」，告訴我們目前位在哪裡，現在的情況與進度為何，以及前進的速度是多少，它的存在讓我們非常的有感，因為只要它每往前一個刻度，便讓我們覺得又比現況更加進步了。羅盤提供了「方向」，指引著我們應該往哪裡前進，確保我們不至於迷航而感到慌亂，我們不見得能覺察到方向的細微偏移，但我們可以想像並理解到，若是方向的角度稍有偏移了〇．一度，在時間係數的加乘效益下，日後將會產生無法預期的偏差。指針與羅盤的存在，代表著不同的功能取向，指針告訴你現況，羅盤告訴你未來；指針是短期操作，羅盤是長期規劃；指針的變化顯而易見，羅盤的變化經常隱晦難見。在你沉潛之際，渴望能夠再次登板的時刻，你該仔細觀看的究竟是指針？還是羅盤？

在職業生涯的發展上，我們通常都是先完成「成就自己」這件事，也正是因為有本事能夠成就自己，所以才能綻放出耀眼光芒而被他人看見，進而得以在組織中晉升成為團隊的管理者。在團隊管理者的路上，我們試著開始學習著如何成就他人，如何協助他人可以獲致更大的成就，當我們看到他人或團隊因為自己的付出而所有成長與發揮時，我們的內心同時也獲得了莫大的滿足感與成就感，同時，我們才開始意識到並理解成就自己與成就他人的差異。為此，我們會不自覺的更加關注他人與團隊的狀態與表現，也認為只要自己能夠再多加點力氣去協助，他們一定可以更加成功。我必須承認成就他人是一件非常棒的事情，我也的確很享受這樣助人成功的過程，但如果過度將焦點放在他人與群體的需求上，便很容易沒有多餘的力氣來關注自己的需求。當你突然有一天問自己：我到底想要的是什麼？我在追求的到底是什麼？可能會陷入極度的迷惘當中，我便是遭遇到這樣的狀況。

冰山下的神祕力量

在徒步環島回來之後，我決定重新探索現在的自己，我找出很多年前曾經使用過的一項工具：價值觀選項清單，來幫自己釐清一下自己內在的需求、動機與渴望到底是什麼。這份清單操作的步驟如下：

1. 請在七十五個價值觀當中，挑選出你最重視、最在意、最無法捨棄的五個價值觀。
2. 請在這五個價值觀當中捨棄一個。
3. 請在這四個價值觀當中捨棄一個。
4. 請在這三個價值觀當中捨棄一個。
5. 請在這二個價值觀當中再捨棄一個。
6. 好好看著最後留下的這一個價值觀，回想一下在日常的生活與工作當中，這個價值觀展現在哪些行為與作法上？

這個選擇過程並不是很容易，可能有好幾個選項都是你非常在意與重視的，因此讓自己空出半小時不受干擾的空間與時間，真正靜下心來好好地思考，會是很好的進行方式。我最後留下的價值觀是「發展」，你呢？（這清單上的每一個選項只有單一詞彙，並不會加以定義與解釋，因為詞彙的定義為何是交給你自己解釋的，我的最終選項是「發展」，而我賦予發展的定義是：持續不斷地學習與精進）

「發展」，是我重新探索自己的起點，我開始回顧過去的自己，我的哪些思考、行

價值觀選項清單

□ 愛	□ 信仰	□ 家人
□ 友誼	□ 改變	□ 服務他人
□ 成就	□ 仁慈	□ 領導他人
□ 興奮	□ 誠信	□ 獨處
□ 藝術	□ 平衡	□ 時間
□ 社群	□ 歡笑	□ 誠實
□ 快樂	□ 影響他人	□ 知識
□ 安全感	□ 憐憫心	□ 被認同
□ 有意義的工作	□ 金錢	□ 貢獻
□ 幫助他人	□ 自然	□ 啟發
□ 選擇	□ 分享	□ 愉悅
□ 自由	□ 能力	□ 健康
□ 親密關係	□ 喜悅	□ 自尊
□ 成功	□ 有效率	□ 教導
□ 冒險	□ 成長	□ 穩定
□ 獨立	□ 發展	□ 專業能力
□ 權力	□ 和平	□ 旅行
□ 學習	□ 正直	□ 連結
□ 樂趣	□ 有創意	□ 休閒娛樂
□ 熱情	□ 歸屬感	□ 創造改變
□ 舒適	□ 進步	□ 有競爭力
□ 信任	□ 關係	□ 擁有財務保障
□ 秩序	□ 才智	□ 果決
□ 發揮潛力	□ 傑出	□ 承擔風險
□ 智慧	□ 傳統	□ 名留青史

為與作法與它有著密切的關係。我瞬間發現在日常生活上，我完全無法接受停滯不前、擺爛放空的自己。記得年輕時有一段時間，我完全失去工作上的動力，完全就是當一天和尚撞一天鐘的狀態，對自己也沒什麼特別的期待，心裡覺得反正再怎麼努力也就是這副模樣。直到有一天早晨起床洗完了臉，我站在鏡子前仔細端詳鏡中的自己，竟然覺得眼前的這個人怎麼如此陌生，而且打心底非常不喜歡這個人，覺得這個人好沒素質跟涵養。當時的我，心情真的是震撼無比。

我完全無法接受這樣的一個自己，我開始試圖去找到一些方法或事情來讓自己有那種重新活過來、或是被充電加以激活的感覺。在嘗試了幾個方法之後，我發現「閱讀」是一件很有趣的事情，它可以滿足我內心空缺的需求、而且似乎也可以改變我原本面目可憎的面貌。直到今天，我房裡有著上千本的書籍，它們的存在，讓我可以吸取到許多新的知識與思維，讓我可以看到相同事情可以存在著截然不同的觀點，書籍中的每一個文字在我的眼中飛舞著，都在不斷地激活著我沉寂已久的腦細胞，我極度享受這種探索未知的感覺。我一直覺得在所有的學習方式當中，閱讀是學習成本最低的一件事情，你可以用極少的金錢去換取他人多年的經驗、智慧的梳理，這可是一筆相當划算的交易買賣，我多希望此刻的你也可以開始培養閱讀的習慣。

①價值觀的影響

當我持續探究我的「發展：持續不斷的學習與精進」，我不自覺地回想起一件事情，那是在我三十二歲的時候，這輩子開始第一次擔任業務主管這個角色。

我認為，既然選擇業務工作，就必須認知到業務的基本職責就是要創造業績，不要告訴我你跟客戶的關係有多好，只要業績沒有進來，感情再好那都是屁事一件。而身為業務主管的我，就是要想方設法讓大家都能夠創造出佳績，我深信業績治百病，沒業績什麼鬼病都會發生。因此一旦有部屬的業績不如預期、或是呈現極度不穩定的麥當勞業績曲線時，一定會馬上被我找來好好溝通一下。我真的很難接受業績沒有成長的局面，因為這不僅僅是你業務個人的失敗，也是我帶領團隊無方的失敗。當時就有這麼一位Paul，業績已經持續一個季度的低迷，因此被我找來進行約談。

身高一百八十六公分的 Paul 直挺挺地站在我的面前，他的神情彷彿等著被處決的囚犯一般，跟他魁武壯碩的體型產生了極大的對比，我想他應該很清楚接下來我要對他說些什麼。其實，我對他在業務這條路上的發展是有所期待的，更希望此刻的他能主動開口跟我說些事情，但他始終保持沉默。於是我開口說了以下這些話：

你……還想要做業務嗎？

案子都 pass 給你了，但你一直都沒有做出成績，這交代得過去嗎？之前提醒你多花點心思培養專業知識、多跟大家練習可以運用的銷售技巧，為什麼都不做呢？

你這樣都領不到業績獎金欸，怎麼付房租啊？你可不可以有志氣一點、有企圖心一點，讓我看到你真的想進步啊……。

當時我的話還沒說完，就看見有著鐵漢身材的 Paul 在我面前掉下了眼淚，我著實驚呆了。撇開 Paul 個人的抗壓性與受挫能力，在這流淚事件之後我不斷地思考著，我有做了什麼不該做的事情嗎？我有說了什麼不恰當的話語嗎？我能體悟到的是，我多少犯了「以己度人」的毛病。當我個人的「發展」價值觀因為過度高漲而膨脹氾濫，甚至不自覺的直接套用在他人的身上時，事情的結果通常不是很完美。

②價值觀的展現

在某次 H 企業中階主管的管理課程上，我利用價值觀選項清單這個工具來做領導力深化的練習，全班將近四十位的資深經理們，當中有八十%的最終價值觀選項是「家庭」與「健康」，我請他們分享一下這個最終價值觀對於他們在管理工作上，有哪些的影響與作為展現，以下便是他們分享的內容：

最終價值觀：健康

- 我覺得有健康的身體最重要，因為沒有了健康，什麼事情都做不了、全都是白搭。所以過了四十五歲之後，我開始讓自己的飲食清淡一些，只吃七分飽，每天晚上也去附近的公園跑跑步，流個汗也讓心率提升一下，最近也參加了一次半馬比賽，這種感覺挺好的。

● 我發現這一年來，我會經常提醒同仁們要按時吃飯，午餐不要搞到下午兩、三點才吃，也建議他們可以吃點蔬食健康便當。喔！對了，我還提醒他們千萬不要熬夜，那太傷身體了。上個月開始，我在部門內發起慢跑團的活動，邀請大家一起來跑跑步，流流汗多健康啊……。

● 自從我接了業務團隊之後，可能是壓力過大，每天晚上都睡的不是很安穩，一個晚上醒來三、四次變成是常有的事情，完全沒有睡眠品質可言。後來我特別請好友物理治療師幫我挑選適合我的床墊，失眠的情況就改善了很多。最近我還邀請我的好友來部門早會上分享挑選床墊的祕訣，希望團隊裡的每一位夥伴都可以睡上一個好覺。

最終價值觀：家庭

- 我部門的小夥伴都習慣叫我陳媽，我也不太記得這個稱號是多久以前就開始被這麼叫著。可能是個性的關係吧！我總是很習慣說著：騎機車要小心一點！吃飯吃慢一點，要細嚼慢嚥！他們每一個人的生日我都記得，分公司就像是一個大家庭，一起慶生那種感覺多好……。對了，我在座位旁邊的櫃子上，每天都會泡上一大壺的紅棗茶，我還特地做了一個牌子，上面寫著奉茶兩個字，哈哈哈……。
- 我今天是從台南上來上課的，大家都知道南部的天氣挺熱的，尤其到了夏天，那真的是熱到都要蒸發了。我記得我剛到台南接任分公司主管時，看到員工外出拜訪客戶回到辦公室後，那個襯衫都是溼的欸，我看了真的很心疼。我後來用了一點預算，跑去買了一個冰箱放在辦公室，裡面放一些古早味冰棒、紅茶跟青草茶，讓他們隨時自行取用。我完全沒想到新添購這麼一個小冰箱，居然讓他們嗨翻天啊！

- 部門裡這些小朋友的年紀，其實跟我自己的兒子差不多，有好幾個都是從第一天進公司後，就是我親自捏著捏著長大的。我跟他們的關係都很好，甚至我跟他們另一半的關係也很不錯，我總覺得我就是一個大家長，希望他們每一個在事業發展上都可以很穩定、很平順。但也可能正是因為這樣吧，有時候他們犯了一些不應該犯的錯誤跟疏失，我似乎很難狠下心來做一些很嚴厲的懲處……。

不難發現，隱藏在冰山深處的價值觀，對於我們展現的外在行為以及情緒反應的影響十分巨大，也正因為它位在內心的深層，我們未必可以清楚感受到它的存在，更別提它對我們到底有什麼影響了。只要你願意花一點時間，認真且用心地去尋找它，找到之後好好地探索它、了解它，我相信它將可以為你一直存在心中的許多疑惑、不解、困擾與心魔，提供一些還不錯的答案。其實這就是薩提爾（Virginia Satir）在「冰山理論」（Iceberg Theory）當中所要告訴我們的事情。冰山水面上的部分，代表的是我們可以看見的行為與可以感受到的情緒，而冰山水面下的部分，則包含了我們的價值觀、信念與動機。表層可見的行為只是冰山的一小部分，它源自於而冰山底層所含括的價值觀與動機，也就是你有什麼樣的價值觀與動機，就會展現出什麼樣的行為與情緒。當我們願意探尋並自我揭露冰山的底層，便可以看見真正的自己，而我們內心真正的需求也正是在這裡。

③價值觀領導思維

想像一個場景，當你被主管通知將在下個月正式「晉升」為主管職，你的想法與反應會是什麼？

能被公司肯定並加以晉升，這的確是一件好事，但你確定當每個人聽到晉升消息時都是雀躍歡喜嗎？我相信我們針對這個問題的答案都持保留的態度。如果你的價值觀是「成就」、「有競爭力」、「領導他人」、「權力」，我相信你應該是非常樂於被晉升的；但如果你的價值觀是「自由」、「愉悅」、「歡笑」、「穩定」，面對即將被晉升這件事，你可能就不是那麼開心了，甚至開始壓力湧現。

如果你是一位團隊管理者，不妨思考一個問題：**如果你有機會可以知道員工他們冰山底層是什麼模樣的話（價值觀），是否有機會可以解決你很久都無法解決的管理問題呢？**這個答案是肯定的，如果你想強化自己的領導能力，從價值觀入手將會是一個非常好的方式。我想跟你分享的是，**如果你願意多關照員工的心底感受，多加了解員工的價值觀，便有機會重新塑造員工的行為模式，前提當然是你先把自己給搞定。**

再次登板的新方向

人生是由一個又一個階段組合而成，每個階段各有不同的方向與目標，職場上的發展也是。或許是轉職、或許是輪調到截然不同領域的事業單位、或許是接掌更大的團隊、或許是突然被資遣而面臨失業危機、或許是你想獨立開創自己的事業。在轉換到下一個階段之前，為自己重新登板設定一個新的方向，是你一定、且必須要做的重要事情。

在多年的授課經驗中，我經常協助企業客戶的經營層重新檢視（或調整）願景、使命與價值觀，這些這是企業前行的羅盤，畢竟市場變化的太快、消費者的需求難以捉摸掌控、員工的屬性更加的多元，適時調整羅盤的方向，當然有其重要性與關鍵性，若等到像鐵達尼號看見冰山才開始轉向，再拼命也為時已晚。為了使他們可以簡單且快速地理解這三項要素的含意，我通常會做以下簡白的說明：

- 願景：我們要變成什麼樣子的企業？（What we are going to be）
- 使命：我們需要持續做什麼事情，才能變成上述那樣子的企業？（What we are going to do）
- 價值觀：企業的信念與價值觀是什麼？（What we always believe）

以上三個定義完全可以套用到任何型態的關係，甚至是你個人。若你是部門管理者，你只需將「企業」兩個字替換為「部門」、「團隊」；若你是社團（社群）負責人，就替換為「社團」、「社群」；若你是個人工作者，就替換為「人」。若你想多做一些思考練習，可以試著把這些字眼替換成「夫妻」、「家庭」、「親子關係」，你將會得到許多有趣的發現。

在徒步環島回來後的第二天，我坐在書桌前喝著曼巴咖啡，仔細看著在這段旅程沿途所拍下的每一張照片，我彷彿又回到當時腳瘦腿麻的旅程上，一步一步的步調雖然極度緩慢，但總會有那麼一刻，不知不覺就這麼走到了目的地。那現在已經回到台北的我呢？既然想重新登板，那下一個階段的方向是什麼？我突然想起了願景、使命、與價值觀這三個題目，這些我經常與人分享的知識與架構，是自己再也熟悉不過的東西，我怎麼就沒想到拿來給自己好好運用一下呢？在這個濃郁咖啡香的午後，我寫下了自己的登板宣言，這份登板宣言算是給現階段的自己最好的禮物了。

- 願景：我要變成什麼樣子的一個人？
  對周遭的人產生正面影響，並善用我所擁有的能力來影響世界。
- 使命：我要持續做什麼，才能變成上述那樣子的人？
  不斷充實自己的內在涵養與本職學能，並勇於站上舞台，將有意義、有價值的東西分享給所有人。
- 價值觀：我的信念與價值觀是什麼？
  保持正向積極與熱情的態度、信守承諾（不輕易承諾）、持續學習與成長。

重新找到真正與真實的自己，對於每個人來說都是一件重要的事情，而對於一個帶領團隊的管理者而言，這更是一件重要且必要的事情。因為你是船長、因為你是隊長、因為你是驅動團隊的樞紐，樞紐越厚實強大，越能驅動出更強大的力量。

如果用時間管理矩陣來排序，找出自己的內在動力這件事情，會是你「重要但不緊急」的事情，你知道這件事情對你是如此重要，但正因為它不是火燒屁股的緊急事件，以致我們經常忽略它的必要性而未去執行（或暫緩，一緩就不知道緩到哪裡去了），而終日忙碌於「緊急但不重要」的事件當中，這是相當可惜的事。不妨為自己安排一個時間好好探索冰山底層的核心價值，你可以試著使用我的方法來操作，同時，如果你願意再多花點時間，我也推薦以下的書籍給你閱讀。

- 《人生的行銷企劃書：做你熱愛的事，並從中獲利、創造人生意義》，羅伯特・邁克爾・弗里德（Robert Michael Fried），二〇一四。
- 《你的工作該耍廢 還是值得拚》，米卡埃爾・曼戈特（Mickaël Mangot），二〇一九。
- 《一流的人如何保持顛峰》，布萊德・史圖爾堡（Brad Stulberg）、史蒂夫・馬格內斯（Steve Magness），二〇一九。
- 《踏實感的練習》，布萊德・史圖爾堡（Brad Stulberg），二〇二二。
- 《別做熱愛的事，要做真實的自己》，艾希莉・史塔爾（Ashley Stahl），二〇二二。

走向未來之路

你知道美國職棒大聯盟史上「最高齡選手出賽的紀錄」是哪一位球員嗎？薩奇・佩吉（Satchel Paige），在一九六五年二月九日，他以「五十九歲」高齡代表堪薩斯市運動家隊（Kansas City Athletics）出賽對上波士頓紅襪隊（Boston Red Sox），上場主投三局無失分。在一九七一年二月九日被票選名列國家棒球名人堂（National Baseball Hall of Fame and Museum），成為第一位出身黑人聯盟且進入名人堂的球員，而他也是首位拿到世界大賽冠軍的黑人聯盟球員。

也許我們終將走到退休的階段，但身處在烏卡時代（VUCA，Volatility 易變性、Uncertainty 不確定性、Complexity 複雜性、Ambiguity 模糊性）的我們，對於「退休」這兩個字，勢必需要重新去理解與詮釋，退休已不再代表著時間與階段，而是代表著你的心態與狀態。在管理者這條路上，我們還有很多未來之路可以走，只要願意走，一定能看見不一樣的風景。

能夠成為一位好的個人管理者，其實不是一件容易的事情，而要成為一位還不錯的團隊管理者，更是需要你投注大量的心力去耕耘與磨練。我經常開玩笑的跟朋友說：當你踏上管理者這條路，你就等於走上了一條不歸路。這條路很難再回頭，你也未必想回頭，這條路儘管困難重重、充滿一堆坑洞與泥濘，有時走得上氣不接下氣、有時摔的鼻青臉腫，但也可以欣賞到從未看過的迷人風景。有人說，管理者是孤獨的，需要獨自面對、獨自消化很多的情緒與壓力，也正是因為如此，我將「Healthy：做好健康管理」視為致勝一擊的關鍵，如果你連自己都照顧不好，其他事情都將很難成局。如何維持健康並有效持續的走下去，在本書的最後一個段落，就讓我好好跟你分享一瓶我自己經常飲用的養樂多，作為管理者的持續保健之道。

「養」成良好的工作習慣

如果你曾細心地觀察，你會發現團隊裡每個人的工作習慣都不一樣，而這些工作習慣還會彼此互相影響。有時你配合對方的方式，有時對方配合你的習慣，彼此的工作習慣若不能達到一個平衡的狀態，那還真是一件傷腦筋的事情。特別是，當你是扮演團隊的管理者角色時，你的工作習慣可能大幅影響團隊績效的展現。我經常提醒來上我課程的同學們一段話：或許你覺得部屬們的工作效率實在太差，他們的能力根本跟不上你的推進腳步，**然而，如果你承認你的工作習慣會大幅影響部屬的工作習慣，那部屬工作效率低落的原因很可能不是來自於他們本身能力不足，而是來自於你不良的工作習慣，或是你沒有讓部屬真正了解你的工作習慣。**

當工作夥伴準備對我們進行工作進度說明的時候，我們大多會有兩種回應動作，第一種回應是：「你先把相關的資料跟數據 mail 給我，我看完資料之後再跟你約時間討論一下。」第二種回應是：「你先口頭說明一下目前的進度，讓我了解一下目前的情況是什麼，資料我後續再看。」第一種工作習慣我們稱為閱讀型，第二種則是聆聽型，你是哪一種類型呢？而你的夥伴知道你是這個類型嗎？相同的，你知道夥伴們的工作習慣有哪些嗎？如果彼此都無法理解對方的工作習慣，工作溝通不順暢也是必然的事情。

閱讀型的人需要充分的時間來準備，要看到有充分且完整的資料才會有安心感，需要上台簡報的時候，大多習慣會準備一份手稿，優點是思慮謹慎且顧慮周全，但缺點就是做一件事情相較於其他人耗費了太多的時間，以至於讓人覺得執行力的力道不夠快速與到位。而聆聽型的人則喜歡多一些互動與溝通，習慣先聽聽看對方的想法是什麼，等到大方向確定之後再下手作業也不遲，上台簡報也不需要手稿，因為他認為記住一些重點摘要就夠了，屆時看現場情況再加以應對就好。優點是快速整合的能力比較強，認為適當的壓力反而是工作興奮劑，缺點當然就是有時候太過自信而導致準備不足，疏忽掉鏈的情況就發生了。能夠理解彼此的工作習慣，並從中找到一個彼此和諧且舒服的工作方式，將可以使你與團隊在工作管理上更具效率。

另外一個你需要培養的工作習慣是：不要囫圇吞棗地學習。在管理者成長的過程中，我們都學習過很多的工作技巧與知識，我不在乎你到底學到了多少，我比較在乎的是你對這些知識與技巧的運用熟練度，因為這關係到你是否真正能養成良好的工作習慣。我條列三個在提昇工作管理能力中經常聽到的關鍵概念與技巧，請你試著告訴我它們的內涵意義與價值、以及對於工作上的幫助是什麼。

1. PDCA。
2. SMART。
3. 時間管理矩陣。

如果你第一題的回答是：P是Plan，是規劃、D是Do，是執行；C是Check，是檢核；A是Act，是再行動。

第二題的回答是：S是Specific，是明確性；M是Measurable，是可被衡量的；A是Attainable，是可達成；R是Relevant，是相關性；T是Time，是時間。

第三題的回答是：事情可以依照重要性與緊急性分為四大類，分別是重要且緊急、重要但不緊急、緊急但不重要、不重要也不緊急。

這樣的回答只能代表你非常認真地記住了很多管理領域的專有名詞，你可以進行名詞解釋，卻並不代表你真正地理解它，不深入理解並加以內化，再好的技巧自然無法輕鬆展現在你的管理工作上。如同你看了非常多的稀世武功祕笈，卻無法讓你成為武林高手一樣，囫圇吞棗的學習是非常糟糕的習慣，因為它對你的管理工作產生不了絲毫的助益。如果你連名詞解釋都做不到，那你真的需要養成持續學習的習慣。

「樂」在工作

記得我到T公司剛就職時的第一天，參加了公司安排的新人訓練，一天的課程當中我了解了公司的組織體系與核心價值、勞動安全的法令與保障，還看了一段《FISH！派克魚舖的奇蹟》影片。這部影片在當時可是當紅炸子雞的產品，在各大企業的訓練單位廣為運用，影片中的故事來自於西雅圖的派克市場（Pike Place Market），市場當中有一間販賣魚類的店舖，儘管賣魚是一件需要早起且又非常辛苦的工作，加上工作環境充滿了人聲吵雜與魚腥味，但魚舖裡面的每一個員工都充滿熱情與朝氣，在他們身上絲毫感受不到對工作內容與惡劣環境的不滿與抱怨，這是一件非常神奇的事情。而這個神奇的故事被寫成了書、拍成了影片，甚至成為美國《財星雜誌》五百大企業的訓練教材。它傳達給我們如果想要樂在工作，應該把握四個重要的原則，那就是：Play（遊戲）、Make their day（讓客戶不虛此行）、Be there（用心在工作）、Choose your attitude（選擇你的態度）。

有人覺得企業一直強調並宣導員工要樂在工作，那是在灌毒雞湯；有人覺得工作就是工作，就是要處理一些令人煩心且棘手的事情，哪裡開心得起來？有人覺得工作就是市場交易，我用我的時間、體力跟能力來換取應得的工資，銀貨兩訖的買賣用不著談開心快樂這件事情；更有人說每個月領的工資裡，包含了一個科目叫做遮羞費，用來彌補你被客戶折磨、被主管痛罵所造成的心靈創傷。不管你現在是否開心地工作，我單純地認為，如果我們工作只是為了謀生，那為什麼要讓工作把自己搞死呢？

我相信公司提供你豐厚的薪資與福利獎勵、同儕讚賞你的專業能力實在是無比超群、部屬給予你正面的回饋、回應與感謝，一定都可以讓你感到非常的開心與快樂，但如果沒有這些正面能量的餵養，你就無法開心嗎？你就很難開心起來嗎？我們都清楚知道快樂與不快樂的情緒是會相互影響感染的，如果你不是一個正向快樂的同事或主管，怎能期待擁有一個正向快樂的團隊呢？因此，你必須先讓自己快樂起來，或者面臨不快樂的情緒時，你能夠具備快速復原、且恢復常態狀況的自癒能力。

掏心掏肺教導的員工突然一吭不響地離職了、老闆尚未搞清楚事情的緣由便直接把黑鍋往我身上砸、好不容易談成的超大訂單在簽約的前一刻被競爭者攔胡了、公司交給我一份面談名單，上面全是準備被資遣的工作夥伴。面對以上這些情況，我的心情就是懊惱、忿恨與難過，心想怎麼卡到陰卡的這麼嚴重，要開心一點根本是不可能的事情。我也不想到處找人訴苦抱怨當個負能量的傳播者，但當下真的不知道還可以做些什麼，只能任由自己身陷在低落的情緒當中。如果我可以像哆啦 A 夢一樣生出一把開心鑰匙，可以馬上、立刻開啟我的開心之門那該有多好。

我知道在工作上面臨挑戰與挫敗是兵家常事，也絕對避免不了，但我可以選擇調整自癒能力的恢復速度，為了不讓自己陷在負面情緒太久，我慢慢記錄下可以讓自己開心的事情，並將它們整理成我的「開心鑰匙清單」。在往後的管理工作上，當我警覺到負面情緒即將來襲時，我便從「開心鑰匙清單」當中挑一件事情來做，通常能讓我可以更快地跳脫出負面情緒的牢籠。

「開心鑰匙清單」的建立可以把握以下幾個原則：自己一個人就可以去做、不需要花太多的金錢或時間、不受自然因素（天氣、溫度）的影響，可以容易且輕鬆地執行才是重點，否則可能只會讓自己更加的不開心。以下是我的「開心

我的開心鑰匙清單

● 騎單車騎到噴汗	● Slam Dunk 灌籃高手漫畫
● 7-11 的麻油雞飯糰	● 一杯麥卡倫威士忌
● 梁家涼麵加味增湯	● 玩場世紀帝國遊戲
● 巷口鹹酥雞加甜不辣	● 超慢跑三十分鐘
● 聽歌手黃明志的歌	● 跟兄弟國峰、幸男聊天

鑰匙清單」，你也幫自己寫一份吧。先不要告訴我這樣會胖、這樣很浪費時間，因為你不開心越久，那才是真正的浪費時間。

老話一句，清單不是拿來觀賞收藏用的，Just do it。

「多」元學習

我一年購入書籍的數量差不多是一百本，這些書在書櫃上整齊的排列著，看起來還挺視覺舒爽的。但更重要的是，它帶給我很多的知識學習與思維激盪，在看書的過程中，我發現兩件很有趣的事情。

① 無框架閱讀

每年新購入一百本書，說句實話，我不一定能夠全部看完，尤其對我這種逐字逐句閱讀、還會用螢光筆標記重點的人來說，追求效率這件事情實在很難出現在我的閱讀上。不過我並不是很介意閱讀速度慢這件事情，能把一本書的精髓吃透融進我的骨子裡那才是我想真正得到的。正因為無法全部看完，書櫃上總會有一些書籍是我還沒閱讀過，就靜靜地待在那裡一年、兩年甚至三年，我並不是不想去拿起來閱讀它，而是實在有太多新的書籍上市、新的知識出現在我的眼前，權衡之後只好讓它們繼續待在櫃上。或許你會覺得，一本書沒有被閱讀就無法展現出它的價值，關於這點我是完全同意的，但我有一個很神奇的經驗是，**每一本書總會在最恰當的時機出現在你的面前**。每當面臨到煩心事時，我通常習慣站在書櫃前沉澱一下思緒，有時就會發現到，咦！這本書我好像還沒看過！然後就會隨手拿起來翻閱一下。這本臨時起意而被拿起來的書，過去它被我忽略了很長的時間，而現在偏偏就這麼剛好此刻出現在我的眼前。奇妙的是，書中的內容往往都能很神奇地解答我當下的困擾跟疑惑，我深信這世上每一本書的存在都有其價值，尤其是在對的時間。

由於每年不斷地購入書籍，以至於過多的書籍還曾經壓垮了我的書桌，讓我覺得應該要開始進行所謂的書籍管理了。我便開始著手製作起自己的書籍清單，除了加以分門別類，也希望日後可以隨時找到當下所需要的那些書籍。在整理書籍清單的過程中，我發現眼前這麼大量的書籍，居然有九十五%以上都是屬於企業管理、商業理財的類型，其他類型的書籍真的是少之又少。這些商管書籍對於我的管理工作有著非常大的助益，不知不覺的越買越多，但靜下來仔細想了一下，白天的工作在管理，晚上的閱讀也在管理，是不是有點太偏執、過於窄化、產生既有框架的局限了？其實我一直很想看看孫子兵法，很想探究一下古埃及文明，很想了解威士忌的四大產區，很想看看達爾文的進化論，但有關這些內容的書籍，我連一本都沒有。從那一刻起，我開始購買並閱讀其他類型的書籍，舉凡咖啡鑑賞、詩詞文集、現代小說、圖文書等，這些書籍的內容觸發了我的神經元，讓我接觸到更多、更不一樣的世界。看似毫不相關的知識在腦袋裡產生了新的交錯與連結，讓我有一種發現新興大陸的興奮感。

大陸作者成甲，被邏輯思維評為「中國最會學習的人」，寫了一本《好好學習：個人知識管理精進指南》，書中提到了學習有三個層次：[25]

- 第一層次的學習：就是輸入與消化的過程。
- 第二層次的學習：生長和創造的過程。
- 第三層次的學習：不斷產生新的啟發，知識開始自己生長。

當中也提到了關於「買書」這件事情：

買書不是為了看完書，而是為了更快速地尋找問題可能的解決方案，探索如何消除知識阻塞。只要覺得可能會有用的書，就該毫不猶豫買下來。因為如果在思考問題的時候才買書，等書到了，狀態已經沒有了。

② 運動的啟發

除了閱讀，多嘗試不同類型的運動，甚至開始接觸想都沒想過的運動，也是多元學習的一種方式。我在二〇一五年開始接觸射箭（反曲弓）運動，當時是看到市立運動中心的招生宣傳單，上面有著琳瑯滿目的運動可以選擇，就覺得射箭這運動挺特別的，好像可以來體驗一下。而且身邊沒有任何一位親朋好友有在玩這項運動，如果我可以學會射箭，那真的是很酷的一件事情啊。

在專注摸索與學習的過程中，我發現到自己的敏銳度瞬間暴增數十倍，反覆仔細研究每一個零件的特性與功能，光是能將一把弓順利組合並上弦完成，我都可以得到爆棚的滿足感。射箭也讓我這個暴躁脾氣的個性獲得抒發與緩解，因為整個過程就是急不得，每次都是相同的引弓與放箭動作，但每支箭的落點就是不一樣，越急就越容易失去準頭，越躁就越容易氣力放盡，只能靜下心來把握每一支箭的當下，讓它順著你的心流往前方的靶心飛去。

多元學習在於讓自己跳脫既有的領域與框架，走出舒適圈看看不一樣的風景，你可以從自己感興趣的領域下手，並對學習抱持探索的心態，它將可以為你注入全新的能量，並讓你以更寬廣的視野看待周遭的一切。

結語

致勝一擊，
從願意改變開始！

在網路經濟時代，不管你是個人工作者，或是帶領部門團隊的主管，就算你現在不在職場上，只是一個專心負責照顧好家庭的家長，都是所謂的管理者。管理者是管理行為過程的主體，而你就是這一個關鍵的主體，重新建立新的管理思維，就是讓自己可以少走一點冤枉路。

有一個年輕的樵夫到山上砍柴，過了不久，另一位老樵夫也來了。到了傍晚，年輕的樵夫發現了一件事，這個老樵夫雖然比他還晚來，但砍得柴卻比他多很多，於是，他心裡暗自下了決定，隔天要更早出發到山上來砍柴。

第二天，年輕樵夫很早就到林子裡，他心裡想著：「我提早半個小時來到林子，今天我砍得柴一定會比較多。」沒想到，當他挑著木頭回到柴房時一看，老樵夫所砍下得柴，還是比他多。

到了第三天，年輕樵夫決定，他不但要比老樵夫早到，還要比他晚下山，他心想：「這次自己所砍得柴一定、肯定、絕對會比較多。」沒想到，這一天，老樵夫砍下得木頭，還是比他多出一大籮筐。

第四天、第五天也是一樣。到了第六天，滿腹疑問的年輕樵夫終於忍不住了。他問老樵夫：「我比你早到，也比你晚下山，更比你年輕有力氣，為什麼我砍得木頭還是比你少？」

老樵夫拍拍他的肩膀說：「年輕人，我每天下山回到家之後，第一件事就是磨斧頭，可是，你工作結束回到家之後，卻因為太累，而只顧著休息，斧頭都被你砍鈍了，所以，儘管我比你老，比你晚到，還比你早下山，不過，我的斧頭比你利，我只要砍五刀，樹就倒了，你就要砍十幾刀，樹才會倒。」

聽完這番話以後，年輕人終於恍然大悟。在認真砍樹的同時，也要把工具準備好，才能真正達到事半功倍的效果。

致勝一擊 E.A.R.T.H. 法則，目的在讓管理者能掌握管理的關鍵支點，並利用這個支點展現出更強大的管理力量。如同樵夫砍材，我希望你是掌握關鍵的那一位老樵夫。

Environment：熟悉球場

● 個人管理者：

你所身處的組織、部門、團隊便是你的專屬球場，別再認為諾大的球場跟自己沒有什麼太大的關係，就算只是想把手上的工作完成交差就好，你還是這個球場的一份子。當你越了解所身處環境的一切，將更有機會發揮出你的獨特優勢。

● 團隊管理者：

身為帶領團隊的管理者，有效地閱讀組織是你的必要工作。你必須綜觀全局，帶領團隊戮力前行，並為他們排除可能遇到的障礙與難題。或許你會覺得公司現行的制度無法讓你施展身手，儘管如此，你要接受「制度是必要的罪惡」這一件事情。球場上有許多的制度與規範，如同好壞球的判斷是在主審身上，不管他的判決是什麼，你得學習去接受他，而不是一味挑戰主審的尺度。

Achievement：進行有效打擊

• 個人管理者：

不管是短打還是長打，只要能夠上壘就是有效攻擊。為自己好好設定一些目標，並讓這些目標具有「能見度」，含糊不清的目標只會讓你在迷宮裡打轉，一直待在迷宮可不是一件有趣的事情。《數值化之鬼》的作者安騰廣太告訴我們：只要隸屬於組織，你就是以受到直屬主管評價的身分在工作。因此，請做出能獲得其好評的成果。[26]

• 團隊管理者：

除了目標管理，為團隊擬定好的策略是你責無旁貸的重要工作。別忘了策略的核心精神在於「取捨」，重點在於「捨」而不是「得」，當你什麼事情都想做、什麼都想沾邊做一下，得到的或許只是內心的安全感，對於個人與團隊的前進其實毫無幫助。在工作任務推展執行的過程中，掌握抓大放小的原則，你是主管而非管家，不要什麼小事都想插手管一下，掌握任務的關鍵節點就好。當然，如果你發現到有所不對勁（進度落後、行為偏差等），就應該要及時修正方向，而不是等到年底！

Relation：塑造正面關係

● 個人管理者：

別讓組織人際關係淡化了你的卓越績效。建立友善關係的溝通，並沒有想像中的難，試著與你的同事、主管搭建起一個共同的平台，讓彼此之間在同樣的頻道上進行對話。千萬別以為有話直說是個人特色的優點，那只是不夠成熟的標記，尊重彼此的差異並理解包容，你將會獲得更多無形的支援。對了，記得多貼近你的主管，他能夠協助的地方比你想像中的還要多。

●團隊管理者：

在過去的時代，我相信正式溝通（會議、面談等）花費了你不少的工作時間，而職場演變至今，你得花更多的時間來進行所謂的非正式溝通。你一定會發現到，做好溝通這一件事情，其實是需要大量的成本，而且這個成本之高往往超乎你的想像。在帶領團隊的過程中，你當然可以開放大家暢所欲言，但如何快速取得大家的共識，這更是你應該關注的議題，記得運用「三據管理：依據、數據、證據」這個技巧。

Team：強化團隊與牛棚

●個人管理者：

在職場的發展上，我們都曾經待過牛棚，希望有朝一日能升上一軍創造自己的輝煌。不妨先問自己，我在總教練的眼中是一位什麼樣的選手呢？是高能力、高投入的明日之星嗎？如果還不是，請為自己安排一份養成計畫。能力的提升在於「專業知識」與「學習能力」，而投入的提升在於「成就動機」與「自我信心」，名人堂上的每個人都是從牛棚出來的，好好發展自己的能力吧！

- 團隊管理者

公司拔擢你成為部門主管，背後的用意在於希望你能夠「複製」出更多像你一樣優秀的管理者。面對牛棚裡一大票的選手，如何複製？要複製幾個？哪些人複製成功的機率比較高？請先做好部門的人力盤點，針對差異來運用指示行為與支持行為，千里馬的養成需要你因材施教，請放棄一視同仁的教導養成方式。

Healthy：做好健康管理

- 個人管理者

記得為自己建立休息態度（Rest Ethic），所謂的休息態度，並不是假日睡到自然醒、並不是下班後發懶不花精神的追劇，更不是無所事事的滑上手機一整晚。所謂真正的休息，包含了：獨處、有意識的反思與自省、運動、重新配置生活、醞釀與培養創意、來一趟悠閒的旅行、擺脫科技的制約等等。不管你多希望自己能夠像機器人一樣，無時無刻都可以效率地工作，請好好對待自己，和日常的忙碌喧囂保持一些距離是必須的。

● 團隊管理者

如果你是一位團隊領導者，我會特別擔心「心力耗竭的現象」侵蝕你的一切生活，畢竟，你要操心的不只是個人，還有一群跟隨你隨時戰鬥的團隊。留點時間給自己獨處，好好思考自己的願景、使命與價值觀到底是什麼，把它們找出來，這些位於冰山底下的神秘力量將會為你開展一個全新的階段。

致勝一擊，從願意改變開始。

注釋

1 Peter F. Drucker, *The Practice of Management*（Harper Business, 1954）

2 Stephen Richards Covey, *The 7 habits Of Highly Effective People*（SIMON & SCHUSTER SOUND IDEAS, 1989）

3 Peter F. Drucker, *The effective executive*（Harper Business, 1966）

4 Peter F. Drucker, *The effective executive*（Harper Business, 1966）

5 James M. Kouzes, Barry Z. Posner, *The Leadership Challenge*（Jossey-Bass, 1987）

6 Chance, Edward W., *Developing administrative vision*（Education and the Changing Rural Comminity, 1989）

7 John P. Kotter, *A Force for Change*（Free Press, 1990）

8 Jim Collins, William Lazier, Jim Collins, William Lazier, *BE 2.0 (Beyond Entrepreneurship 2.0): Turning Your Business into an Enduring Great Company*（Portfolio, 2020）

9 Chandler, Alfred D. Jr., *Strategy and Structure: Chapters in the History of the American Industrial Enterprise*（MIT Press, 1962）

10 Porter, M.E., *Competitive Strategy*,（Free Press, 1980）

11 Jim Collins, *Good to Great: Why Some Companies Make the Leap and Others Don't*（HarperBusiness, 2001）

12 Jim Collins, William Lazier, Jim Collins, William Lazier, *BE 2.0 (Beyond Entrepreneurship 2.0): Turning Your Business into an Enduring Great Company*（Portfolio, 2020）

13 Peter F. Drucker, *The Practice of Management*（Harper Business , 1954）

14 國家運輸安全調查委員會，*0402臺鐵第408次車清水隧道重大鐵道事故調查報告*（2022/05/10）

15 Stephen P. Robbins, Mary Coulter, *Management*（Pearson, 2017）

16 Abraham Maslow, *A Theory of Human Motivation Psychological Review*（Originally Published in Psychological Review, 50, 370-396., 1943）

17 Douglas McGregor, *The Human Side of Enterprise*（McGraw Hill, 1960）

18 Katzenbach, J.R., & Smith, D.K., *The Wisdom of Teams: Creating the High-Performance Organization*（Cambridge, MA: Harvard Business School Press., 1993）

19 Bruce W. Tuckman, *Tuckman's stages of group development*（Psychological Bulletin, 1965）

20 Hubert Joly, Caroline Lambert, *The Heart of Business: Leadership Principles for the Next Era of Capitalism*（Harvard Business Review Press, 2021）

21 Bruce W. Tuckman, Jensen, Mary Ann C, *Stages of Small-Group Development Revisited*（Group & Organization Studies, 1977）

22 Max Frenzel, John Fitch, *Time Off: A Practical Guide to Building Your Rest Ethic and Finding Success Without the Stress*（Time Off LLC, 2020）

23 Ashley Stahl, *You Turn: Get Unstuck, Discover Your Direction, and Design Your Dream Career*（BenBella Books, 2021）

24 Gary Keller, Jay Papasan, *The One Thing: The Surprisingly Simple Truth Behind Extraordinary Results: Achieve your goals with one of the world's bestselling success books*（John Murray Learning, 2014）

25 成甲，好好學習：個人知識管理精進指南（中信出版社，2017）

26 安騰廣太 Ando Kodai，数值化の鬼「仕事ができる人」に共通する、たった1つの思考法（ダイヤモンド社，2022）

國家圖書館出版品預行編目 (CIP) 資料

致勝一擊：利用 EARTH 法則突破既有管理框架，讓你職場績效加倍！/ 林俊男著 . -- 初版 . -- 臺北市：商周出版：英屬蓋曼群島商家庭傳媒股份有限公司城邦分公司發行，民 112.12 面；　公分

ISBN 978-626-318-986-7（平裝）

1. CST：企業經營　2. CST：企業管理　3. CST：管理者

491.1　　122020813

新商業周刊叢書　BW0840

致勝一擊

利用 EARTH 法則突破既有管理框架，讓你職場績效加倍！

作　　　者／林俊男
責 任 編 輯／陳冠豪
版　　　權／吳亭儀、林易萱、江欣瑜、顏慧儀
行 銷 業 務／周佑潔、林秀津、賴正祐、吳藝佳

總　編　輯／陳美靜
總　經　理／彭之琬
事業群總經理／黃淑貞
發　行　人／何飛鵬
法 律 顧 問／台英國際商務法律事務所
出　　　版／商周出版　臺北市中山區民生東路二段 141 號 9 樓
電話：(02)2500-7008　傳真：(02)2500-7759
E-mail：bwp.service@cite.com.tw
發　　　行／英屬蓋曼群島商家庭傳媒股份有限公司　城邦分公司
台北市 104 民生東路二段 141 號 2 樓
電話：(02)2500-0888　傳真：(02)2500-1938
讀者服務專線：0800-020-299　24 小時傳真服務：(02)2517-0999
讀者服務信箱：service@readingclub.com.tw
劃撥帳號：19833503
戶名：英屬蓋曼群島商家庭傳媒股份有限公司城邦分公司
香 港 發 行 所／城邦 (香港) 出版集團有限公司
香港九龍九龍城土瓜灣道 86 號順聯工業大廈 6 樓 A 室
電話：(825)2508-6231　傳真：(852)2578-9337
E-mail：hkcite@biznetvigator.com
馬 新 發 行 所／城邦（馬新）出版集團
Citée (M) Sdn Bhd
41, Jalan Radin Anum, Bandar Baru Sri Petaling,
57000 Kuala Lumpur, Malaysia.
電話：(603)9056-3833　傳真：(603)9057-6622　email: services@cite.my

封 面 設 計／FE 設計　　　內文排版／李信慧
印　　　刷／韋懋實業有限公司
經　銷　商／聯合發行股份有限公司　電話：(02)2917-8022　傳真：(02) 2911-0053
地址：新北市 231 新店區寶橋路 235 巷 6 弄 6 號 2 樓

2023 年（民 112 年）12 月初版

城邦讀書花園
www.cite.com.tw

定價／ 420 元（平裝） 300 元（EPUB）
ISBN：978-626-318-986-7（平裝）
ISBN：978-626-318-991-1（EPUB）